赛博空间简史

宁焕生／著

BRIEF HISTORY OF THE CYBERSPACE

人民邮电出版社

北　京

图书在版编目（ＣＩＰ）数据

赛博空间简史 / 宁焕生著. -- 北京：人民邮电出
版社，2024.1
ISBN 978-7-115-59575-1

Ⅰ. ①赛… Ⅱ. ①宁… Ⅲ. ①虚拟现实 Ⅳ.
①TP391.98

中国版本图书馆CIP数据核字(2022)第142462号

内 容 提 要

　　本书系统介绍赛博空间的概念和起源、赛博哲学、赛博逻辑、赛博格、数字孪生，以及群体智能等赛博科技研究史，同时从国家、社会和个人的角度讨论赛博综合征、赛博空间生活、赛博空间治理等主题及其研究历史，构建了较为完整的赛博空间知识体系。本书兼具科普和学术风格，论及许多问题和挑战，既可供科研工作者研究参考，也可作为赛博空间方面的通识读物，帮助读者更加了解赛博空间，更好地适应赛博空间的工作与生活。

　　本书适合互联网、社交网络、物联网、赛博空间等领域的科研工作者和研究生，高等院校泛信息类和人文社科类专业师生，以及对赛博空间感兴趣的读者阅读。

◆ 著　　　　宁焕生
　　责任编辑　贺瑞君
　　责任印制　李 东　焦志炜
◆ 人民邮电出版社出版发行　　北京市丰台区成寿寺路 11 号
　　邮编　100164　电子邮件　315@ptpress.com.cn
　　网址　https://www.ptpress.com.cn
　　三河市中晟雅豪印务有限公司印刷
◆ 开本：700×1000　1/16
　　印张：15.5　　　　　　　　2024 年 1 月第 1 版
　　字数：243 千字　　　　　　2024 年 1 月河北第 1 次印刷

定价：79.80 元

读者服务热线：(010)81055552　印装质量热线：(010)81055316
反盗版热线：(010)81055315
广告经营许可证：京东市监广登字 20170147 号

　　从古至今，人类始终生活在复杂多样的真实空间中（包括物理空间、社会空间和思维空间）。随着计算机技术和产业的发展，一个新的虚拟空间——赛博空间（Cyberspace）悄然形成，并迅速融入我们的生产、生活之中。赛博空间已成为人类的第四个基本生存空间。

　　赛博空间的发展历程主要分为四个阶段：

　　第一阶段，20世纪50年代计算机的商业化，为赛博空间打下了最初始的物质基础。1959年美国国防部的高级研究计划局（Advanced Research Projects Agency，ARPA）建立的第一个实验网络ARPANET，实现了分散计算机之间的信息交换，被视为互联网的原型。

　　第二阶段，1975年，ARPANET开始从实验网络向商业网络转变。随着规模的不断扩大，以资源共享、分散控制、分组交换、网络通信为特征的计算机网络开始形成。但是，在这一阶段，通信只能发生在同一网络内的计算机之间。为了实现不同计算机网络之间的互通，从ARPA改名而来的国防高级研究计划局（Defense Advanced Research Projects Agency，DARPA）启动了一个名为"internetwork"（简称Internet）的新项目。直到今天，术语"Internet"（因特网）一直被用来表示互联的全球计算机网络。该项目推动了TCP/IP的出现，使因特网成为一个开放的系统，并促进了它的快速发展。有了网络基础，赛博空间开始蓬勃发展。

　　第三阶段，随着人们对信息通信技术（Information and Communication Technology，ICT）需求的日益增长，泛在互联的理念受到了广泛的关注，从而推动了物联网（Internet of Things，IoT）的出现。物联网基于传感器、物品标识、跟踪定位、嵌入式等技术，实现了物与物、物与人的互联，提供了更加智能、高效、安全的管理和服务，赛博空间与物理世界的连接开始加强。

　　第四阶段，物联网无处不在的连接极大地促进了赛博空间和真实空间中人与人、人与物、物与物之间的互联。相应地，人类的属性和复杂的社会活动也被映射到赛博空间，推动了人联网（Internet of People，IoP）、社会物联网（Social IoT，SIoT）、思维联网（Internet of Thinking，IoTk）的出现和发展。赛博空间与物理空间、社会空间、思维空间的泛在连接和深度融合，产生了赛博化（Cyberization）和赛博使能（Cyber-enabling）两种现象，并形成了广义网络空间，即赛博空间和赛博驱动的真实空间（Cyberspace and Cyber-enabled Physical, Social, and Thinking Spaces）。考虑到不同场景的中文表达习惯，本书有时也将"网络空间"或"信息空间"统称为"赛博空间"。

在赛博空间发展的历程中，产生了许多与其相关的研究方向，例如赛博格、数字孪生、赛博综合征、赛博空间战、赛博性别、赛博心理等，"欲知大道，必先知史"，为了帮助人们更好地了解、认识和适应赛博空间，全面梳理、总结赛博空间的科学与技术研究历程非常必要。

作者撰写本书的想法最初来自于 2014 年在北京科技大学开设的"信息物理社会思维融合"前沿研讨课（后改为本科生课程"网络空间、人与智能"和研究生课程"广义网络空间"），该课程将赛博空间的国内外研究状况和科研成果系统地展示给学生，获得了很好的教学效果。2019 年，作者建设了"网络空间、人与智能"的中英文大型开放式网络课程（慕课），并在"今日头条"创建了"宁教授网络空间"在线科普基地，受到广泛欢迎，中国科协于 2021 年授予其"十三五"全民科学素质工作先进个人称号。

鉴于目前很多读者容易将赛博空间或网络空间知识简单地理解为网络空间安全，而且国内尚无全面介绍赛博空间科学与技术及其研究历史的图书，因而作者综合考虑学生的需求、教学经验和科研成果，以及公众全面了解赛博（网络）空间知识和研究历史的迫切需求，撰写和出版此书，旨在帮助物联网、赛博空间等信息领域的研究人员、高等院校学生及感兴趣的读者了解赛博空间，为其提供学习赛博空间知识和历史的参考资料。

本书的部分内容参考了很多国内外同行的相关著作（详见各章参考文献），在此一并表示感谢和敬意。王文喜、杨培臣、皮章锋、徐阳、王振宇、田巧慧、崔姗、张霄、林雨嘉、汪航、郭帜捷、任筱锐、张智敏、高大智、徐蕾参与了本书的调研和材料准备，谨向他们表示由衷的感谢。同时，也十分感谢人民邮电出版社对本书出版所做的贡献及支持。由于作者水平有限，时间仓促，书中难免存在缺陷和不足，恳请各位专家和读者不吝赐教。

Contents
目　录

第 1 章

绪论

随着计算机、通信与网络技术的飞速发展与广泛应用，一个新的空间——赛博空间（Cyberspace）悄然形成，并迅速融入人类的生产与生活。如今，赛博空间已成为继物理空间、社会空间及思维空间后人类的第四个基本生存空间。作为本书的开端，本章介绍赛博空间的定义及相关概念，包括赛博哲学、赛博逻辑等，为后续章节内容奠定基础。考虑到不同场景的中文表达习惯，本书有时也将"网络空间"或"信息空间"统称为"赛博空间"。

本章重点

◆ 赛博空间的定义
◆ 赛博哲学的基本概念
◆ 赛博逻辑的基本概念

1.1 赛博空间的定义

"赛博空间"（Cyberspace）一词来自"控制论"（Cybernetics）一词，该词又源自古希腊语词汇"kybernētēs"，意思是舵手、统治者、飞行员或舵。具体来说，Cyberspace 这个词最初出现在 20 世纪 60 年代后期由丹麦艺术家 Susanne Ussing 和建筑师 Carsten Hoff 共同创作的艺术品《赛博空间工作室》（*Atelier Cyberspace*）中。在这部作品中，赛博空间指的是一系列被称为"感官空间"的装置和图像，代表能够感知和适应空间中人类和其他物体的各种行为或变化的开放物理空间。20 世纪 80 年代，William Gibson 出版了一系列赛博朋克科幻小说，包括《燃烧的铬》（*Burning Chrome*，1982）和《神经漫游者》（*Neuromancer*，1984），"赛博空间"的概念逐渐为人所熟知。"赛博空间"一词最初被定义为一个与计算机创建的数字世界相关的概念。具体来说，它被描述为"数十亿合法操作者每天都会共同经历的幻觉"和"从人类体系内每台计算机的数据中抽象出的图形表示"[1-2]。"赛博空间"一词随后广泛出现在各种小说、绘画、电影和电视作品中，并在 20 世纪 90 年代成为代表计算机网络和互联网的词汇。

在不同的艺术作品、文献和政府资料中，可以找到对赛博空间不同的定义。由于人类对赛博空间的理解和使用目的不同，赛博空间目前还没有一个公认的定义。在艺术作品中，赛博空间通常是一种隐喻，代表某种由计算机及相关基础设施创建的虚拟世界。这是一个无形的空间，但人类可以在赛博空间中做很多在现实空间中能做的事，而不受时间和空间的限制，例如交流、互动、玩耍、购物、学习和工作。在电影《黑客帝国》（*The Matrix*）中，赛博空间被描述为一个虚构的世界，它看起来像一个现实空间，但由计算机和人工智能（Artificial Intelligence，AI）系统控制。人类通过硬件设备接入赛博空间，并在现实空间和赛博空间中扮演着不同的角色，通过在两个空间之间的切换来满足他们的各种需求。文献和资料则更多地强调赛博空间的构成和功能。"赛博空间"被认为是一个供人类相互交流的数字世界，是一个计算机和通信技术领域的通用术语。例如，在美国《国防部军事及相关术语词典》（*Department of Defense Dictionary of Military and Associated Terms*）中，赛博空间被定义为"信息环境中一个全球性的域，由相互依赖的信息技术基础设施网络及其承载的数据组成，包括互联网、电信网络、计算机系统，以及嵌入式处理器和控制器"。

1.2 赛博空间的历史

从技术上讲，赛博空间的发展可以追溯到 1946 年世界上第一台计算机的诞生。随着 20 世纪 50 年代计算机的商业化，赛博空间逐渐走进人类的生产生活。在这种情况下，将分散的计算机连接在一起并实现相互通信成为研究重点。于是，美国国防部的高级研究计划局于 1969 年建立了第一个实验性网络——ARPANET，它实现了分散计算机之间的信息交换，被视为互联网的原型。1972 年，高级研究计划局更名为国防高级研究计划局。

1975 年，ARPANET 开始从实验网络向商业网络转变，其规模不断扩大，以资源共享、分散控制、分组交换、网络通信为特征的计算机网络开始形成。但是，在那个时期，只有在同一网络内的计算机之间才能进行通信。为了实现不同计算机网络之间的互通，美国国防高级研究计划局启动了因特网（Internet）项目，以支持学术界和工业界对网络互联的需求和研究。直到今天，因特网一词一直被用来表示互联的全球计算机网络。该项目推动了 TCP/IP 的出现，使因特网成为一个开放系统，并促进了它的快速发展。20 世纪 80 年代初期，美国一些组织开始建设全国范围的广域网。其中，美国国家科学基金会（National Science Foundation，NSF）组建的 NSFNET 逐渐取代 ARPANET 成为因特网的骨干。1989 年，用于军事应用的 MILNET 从 ARPANET 分离，ARPANET 解散，NSFNET 接入 MILNET。

随后，商业组织开始接入。1992 年，国际商业机器公司（International Business Machines Corporation，IBM）、MCI 通信公司（MCI Communications Corporation）和 MERIT 网络有限公司（MERIT Network，Inc.）三家公司联合建立了 ANSNET，成为因特网的又一支柱。企业的介入也促进了因特网商业化的新进程。1995 年，NSFNET 终止服务，因特网全面走向商业化。至此，因特网已经成为一个覆盖不同国家和地区、各个领域的国际网络。传统意义上的赛博空间是随着因特网的发展而形成的，涵盖存在于通信网络内的一切，包括对象、身份、活动等。"赛博空间"一词甚至被用作因特网的同义词。

根据维基百科的定义，赛博空间包括以下 4 个方面：

（1）支持技术系统和通信系统联网的物理基础设施，如计算机、移动设备、服务器和路由器；

（2）用于保证功能性和连通性的计算机系统和各种支持软件；

（3）分散计算机之间的网络，以及网络之间的网络；

（4）常驻数据和信息，以及相关的存储、传输、交换、处理、共享等活动。

此外，赛博空间具有虚拟性、交互性和时空模糊性等特点。尽管赛博空间的一些基础设施和要素存在于物理空间（Physical Space）、社会空间（Social Space）和思维空间（Thinking Space）中，但现阶段的赛博空间仍然相对独立于上述三个空间，这极大地限制了赛博空间的发展。

后来，在因特网的基础上，人类提出了信息物理系统（Cyber-Physical Systems，CPS）的概念，以应对不同领域中物理系统和电信基础设施分离的问题，实现对计算、通信和物理系统的集成。CPS 使物理设备连接到赛博空间，通过对计算资源与物理资源的整合与协调，进一步实现物理空间的赛博化。随着人类对信息通信技术需求的日益增长，泛在连接的理念受到广泛关注，促成了物联网的出现。物联网将赛博空间的客户端扩展到物理空间中，包括传统的设备（如计算机、服务器、打印机和相机等）、日常生活中的普通物体（如各种家用电器、商品和车辆）、动物，甚至人类。物联网基于传感器、红外、射频识别（Radio Frequency Identification，RFID）、全球定位系统（Global Positioning System，GPS）、嵌入式系统等新一代信息通信技术，实现了物与物、物与人的互联，能够提供更加智能、高效、安全的管理和服务。

物联网极大地促进了赛博空间中人与人之间的交互。相应地，人类的属性和复杂的社会问题也被映射到赛博空间，例如个人信息、社会关系（如从属关系，家庭、朋友和雇佣关系）、权利和义务。社会类需求的增加催生了人联网的出现 ①，它使人类可以不受时间和空间限制地进行交流和互动。社会物联网[3-4]的出现将物联网与社区、机构、活动、现象和规则等社会方面进行了融合，将社会元素映射到了赛博空间中。人联网以及社会物联网的发展促进了赛博 - 物理 - 社会空间（Cyber-Physical-Social Space）的形成，并催生了多种以人为本的新技术（如社会计算、社交网络和群体智能），能够支持更多以人为中心的服务和应用。

此外，赛博空间中的人类思维（如本能和意识）受到了学者们的广泛关注。近年来，脑信息学、脑机接口、情感计算等一系列面向思维的学科分支和技术的出现，推动了思维联网的出现和发展。2012 年，"思维联网是否可能实现"被学术组织万维网智能联盟（Web Intelligence Consortium，WIC）选为智能信息学（Intelligent Informatics）与计算领域的十大问题之一 ②。

赛博空间与传统空间的泛在连接与深度融合，使赛博空间不再局限于互联网的范围。它变成了一个超空间，涵盖了原始意义的赛博空间，以及物理空间、

---

① https://exl.ptpress.cn: 8442/ex/l/b02541af.

② https://exl.ptpress.cn: 8442/ex/l/2d8ac4d7.

社会空间和思维空间的各个方面。此外，它对传统空间，甚至传统哲学、科学和技术产生了重大影响，包括两种典型现象：赛博化（Cyberization）和赛博使能（Cyber-enabling）。这种赛博 - 物理 - 社会 - 思维（Cyber-Physical-Social-Thinking，CPST）融合的超空间，也被称为广义网络空间[5-9]。此外，学术界还提出了"赛博学"（Cybermatics）和"赛博科学"（Cyber Science）的概念，旨在解决广义网络空间领域的科学与技术问题[10]。

1.3 赛博哲学

赛博科学主要讨论信息与通信技术中具有科学性质的应用与服务[11]及其影响等问题。赛博科学的进步对人类产生了重大影响。所有赛博现象被归纳为一种新的世界观和方法论，最终形成了赛博哲学（Cyber Philosophy）的概念[12]。如果说 20 世纪 50 年代 ARPANET 的建立是赛博空间对现实空间产生影响的开始，那么直到 1996 年学术界才首次明确阐述了赛博哲学的概念。

1996 年至 2003 年是赛博哲学的奠基期。对赛博哲学的明确解释至少可以追溯到 1996 年 Frank Hartmann 出版的《赛博哲学：媒体理论探索》（*Cyber Philosophy：Medientheoretische Auslotungen*）[13]。2002 年至 2003 年，James H. Moor 和 Terrell Ward Bynum 先后发表了论文《赛博哲学导论》（*Introduction to Cyber Philosophy*）[12]，并出版了著作《赛博哲学：哲学与计算的交叉点》（*Cyber Philosophy：The Intersection of Philosophy and Computing*）[14]。这些工作把赛博哲学定义为"哲学和计算机科学的交叉点，与围绕思想、机构、现实、沟通和道德的新主题、模型、方法和问题"，这一定义至今在学术界被广泛使用。至此，关于赛博哲学基本概念的讨论已经达到了一定程度的统一。随后，一些学者从赛博哲学的其他角度提出了新的描述，并不断完善赛博哲学的概念[11]。

2003 年以后，赛博哲学的基本概念已经比较清晰。随着赛博医学、赛博法律、赛博社会、赛博舆论等领域的不断发展，赛博哲学的内容也得到了极大的丰富。由此，赛博哲学的概念也逐渐为各领域学者所熟悉，赛博哲学进入了新的发展时期。2009 年，Mohammad Mahabubur Rahman 等人发表了赛博使能的法理哲学方面的文章[15]，Kadir Beycioglu 发表了教育中的赛博哲学问题方面的文章[16]。2012 年，Matthew Crosston 发表了从政治角度研究赛博哲学的文章。2017 年，宁焕生等人发表文章探讨了赛博哲学与赛博科学之间的关系[17]。2018 年，Fivos Papadimitriou 发表了文化对赛博哲学的影响方面的文章[18]。一方面，学者们更加关注赛博哲学与其他领域、其他空间的关系；另一方面，赛博哲学的各个细分领域也迅速发展，尤其是赛博朋克、控制论资本主义等理论，一定程度上预言了一些社会发展方向。

1.4　赛博逻辑

在发展过程中，赛博空间出现了独特的逻辑。然而在计算机科学领域，很长一段时间内，人们更关心的是电路逻辑[19]和计算机逻辑[20-21]。

作为赛博哲学和赛博科学之间的桥梁，直到 2017 年，赛博逻辑的概念才首次被系统地提出，用以表征赛博空间中的逻辑[11]。赛博逻辑涵盖了非形式逻辑和形式逻辑，包含了 CPST 超空间中的赛博实体和赛博使能实体。赛博逻辑主要包括以下两个方面。

（1）存在于赛博使能物理、社会和思维（Physical-Social-Thinking，PST）空间的赛博实体和赛博使能 PST 实体的本质和规则；

（2）单个 CPST 超空间中的规则，赛博使能物理空间、赛博使能社会空间、赛博使能思维空间之间的交互，以及 CPST 超空间的本质[11]。

赛博逻辑提出后，成为广义网络空间的重要组成部分[1,9]，并迅速应用于智能家居[22]、物联网[23]等领域。2021 年，宁焕生提出赛博驱动逻辑的概念，指代传统空间中受赛博空间影响而产生的新逻辑[24]，至此，CPST 超空间中逻辑的理论体系基本建立。

参考文献

[1] Gibson W. Burning chrome[M]. UK: Hachette UK，2017.

[2] Gibson W. Neuromancer[M]. New Delhi: Aleph，2015.

[3] Ning H，Wang Z. Future internet of things architecture: like mankind neural system or social organization framework?[J]. IEEE Communications Letters，2011，15(4): 461-463.

[4] Atzori L，Iera A，Morabito G. Siot: Giving a social structure to the internet of things [J]. IEEE Communications Letters，2011,15(11): 1193-1195.

[5] Ning H，Liu H. Cyber-physical-social-thinking space based science and technology framework for the Internet of Things[J]. Science China(Information Sciences)，2015，58(3): 17-35.

[6] Ning H，Ye X，Bouras M A，et al. General cyberspace: cyberspace and cyber-enabled spaces[J]. IEEE Internet of Things Journal，2018，5(3): 1843-1856.

[7] 宁焕生，朱涛. 广义网络空间 [M]. 北京：电子工业出版社，2017.

[8] Ning H，Liu H，Ma J，et al. From Internet to smart world[J]. IEEE Access，2015，3: 1994-1999.

[9] Dhelim S，Ning H，Cui S，et al. Cyberentity and its consistency in the cyber-physical-social-thinking hyperspace[J]. Computers & Electrical Engineering，2020，81: 106506-106516.

[10] Ning H，Liu H，Ma J，et al. Cybermatics: Cyber-physical-social-thinking hyperspace based science and technology[J]. Future Generation Computer Systems，2016，56: 504-522.

[11] Ning H，Li Q，Wei D，et al. Cyberlogic paves the way from cyber philosophy to

cyber science[J]. IEEE Internet of Things Journal，2017，4(3): 783-790.

[12] Moor J H，Bynum T W. Introduction to cyber philosophy[J]. Meta Philosophy，2002，33(2): 4-10.

[13] Hartmann F. Cyber philosophy: medientheoretische auslotungen[M]. Austria: Passagen Verlag，1996.

[14] Moor J H，Bynum T W. Cyber philosophy: the intersection of philosophy and computing[M]. US: Wiley-Blackwell，2002.

[15] Rahman M M，Khan M A，Mohammad N，et al. Cyberspace claiming new dynamism in the jurisprudential philosophy[J]. International Journal of Law and Management，2009，51(5): 274-290.

[16] Beycioglu K. A cyberphilosophical issue in education: unethical computer using behavior-the case of prospective teachers[J]. Computers & Education，2009，53(2): 201-208.

[17] Crosston M. Virtual patriots and a new American cyber strategy: changing the zero-sum game[J]. Strategic Studies Quarterly，2012，6(4): 100-118.

[18] Papadimitriou F. Philosophy of cyberspace，society，culture and transparency in ICTs[C]. Proceedings of the XXIII World Congress of Philosophy，2018: 41-46.

[19] Martin K W. Digital integrated circuit design[M]. New York: Oxford University Press，2000.

[20] Flores I. Computer logic: the functional design of digital computers[M]. US: Prentice Hall，1960.

[21] Morris E F，Wohr T E. Automatic implementation of computer logic[J]. Communications of the ACM，1958，1(5): 14-20.

[22] Dhelim S，Ning H，Bouras M A，et al. Cyber-enabled human-centric smart home architecture[C]. Proceedings of the IEEE Smart World，Ubiquitous Intelligence

& Computing，Advanced & Trusted Computing，Scalable Computing & Communications，Cloud & Big Data Computing，Internet of People and Smart City Innovations，2018: 1880-1886.

[23] Abbasi K M，Khan T A，Haq I U. Hierarchical modeling of complex Internet of Things systems using conceptual modeling approaches[J]. IEEE Access，2019，7: 102772-102791.

[24] 徐阳，宁焕生，万月亮等. 赛博逻辑与赛博驱动逻辑 [J]. 工程科学学报，2021，43（5）: 702-709.

第 2 章

赛博空间人类行为发展与分析历史

互联网的发展促进了人类与赛博空间的互动，改变了人类在赛博空间中的行为模式，引起了学者们的广泛关注。了解赛博空间人类行为的发展与分析研究历史不仅有助于加深人们对赛博科学的理解，还有助于推动赛博空间的进一步发展。因此，本章首先介绍赛博空间中具有代表性的人类行为，接着分别描述这些种类行为的发展与研究历史，然后介绍赛博空间人类行为分析的发展历史，最后对赛博空间人类行为的发展与研究进行讨论与展望。

本章重点

◆ 赛博空间人类行为的起源
◆ 赛博空间人类行为的发展与研究历史
◆ 赛博空间人类行为分析的发展历史

2.1　赛博空间人类行为的起源与研究历史

最早对赛博空间人类行为的研究可以追溯到 Sherry Turkle 在 1984 年出版的书籍《第二自我：计算机与人类精神》（*Second Self*：*Computers and the Human Spirit*）。赛博空间人类行为是指个人在赛博空间中进行的所有活动。赛博空间人类行为多种多样，本节讨论表 2.1 [1] 所示的六种典型的赛博空间人类行为。

表 2.1　六种典型的赛博空间人类行为

行为类型	例子
网络信息寻求与分享行为	寻求健康信息、分享日常生活等
网络社交行为	交友、与某人聊天等
网络购物行为	买东西、浏览产品等
网络游戏行为	玩网络游戏
网络激进主义行为	参加网上抗议活动等
网络犯罪行为	非法侵入、电子盗窃等

2.1.1　网络信息寻求与分享行为

网络信息是指通过互联网传输的信息，其传播具有留存率高、范围广、渠道多等特点。许多赛博空间人类行为与网络信息相关。本小节介绍具有代表性的两种行为：网络信息寻求行为和网络信息分享行为。

早期的网络信息是单向传输的，即从网站流向用户。这段时期，网络信息寻求行为仅指用户获取已在互联网上发布的信息的行为，用户无法主动发布信息；网络信息分享行为是公告栏/网站管理员的专属行为。因此，早期研究主要集中于网络信息寻求行为的特征和理论。例如，1994 年，James Edward Pitkow 和 Mimi M. Recker 发现，随着使用 Web 浏览器进行互联网探索的偏好增加，用户似乎更倾向于基于文本的搜索；相反，随着使用 Web 浏览器进行互联网探索的偏好降低，用户则更倾向于基于关键字的搜索[2]。1998 年，Brenda Dervin 提出了网络信息寻求行为模型，称为行为感知模型（Sense-Making Model）[3]，该模型将用户、信息和现实三个概念从过去基于名词的知识映射框架转移到基于动词的框架，强调多样性、复杂性和行为感知。T. D. Wilson 在 1999 年提出了信息行为模型（Information Behavior Model）[4]，该模型借助模型间的相互依赖性，将当时已有的几种信息行为模型嵌套在一起，更好地解释了人类网络信息寻求行为。

进入 21 世纪，互联网发展突飞猛进。搜索引擎和社交网站等信息技术应用层出不穷，功能也越来越强大，这对网络信息寻求与分享行为产生了深刻的影响。此时，网络信息是双向传输的，用户不仅是网络信息的获取者，还是创造者和传播者。因而，网络信息分享行为引起了研究人员的关注。例如，2000 年，Kevin Rioux 提出了互联网信息寻求与分享理论，认为网络信息寻求与分享行为是互联网用户发现有用或有吸引力的信息并与他人分享信息的行为[5-6]。此外，网络信息寻求与分享行为呈现多样化特征。研究人员为此分别探究了导致两种行为出现不同特征的潜在因素。例如，2007 年，J. Christopher Zimmer 等人发现信息源的质量和可访问性与网络信息的查找密切相关[7]。同年，Hsi-Peng Lu 和 Kuo-Lun Hsiao 发现自我效能感和个人结果期望直接影响网络信息分享行为[8]。2013 年，Michael A. Stefanone 等人发现全球不确定性与积极寻找新朋友信息的倾向呈正相关，恐惧交流与寻找现有朋友信息的倾向呈正相关[9]。2019 年，周涛等人的实验表明，信任和隐私风险决定用户网络信息分享行为的意愿。其中，信息质量和服务质量显著影响用户对社区的信任，信息支持和情感支持显著影响用户对他人的信任[10]。2020 年，林晓霖和王雪群发现女性在对待网络信息分享行为的态度上比男性更关注隐私风险、社会关系和承诺[11]。一些进一步的研究见表 2.2 和表 2.3。

表 2.2　网络信息寻求行为影响因素的相关研究

文献	年份	对象	规模	内容	影响因素
[12]	2003	网络信息寻求者	12 人	网络信息寻求行为与家庭环境之间的关系	家庭环境
[13]	2005	硕士研究生	305 人	人格特质与网络信息寻求行为的关系	人格特质
[7]	2007	在职专业人员	204 人	信息来源（关系来源和非关系来源）的选择	信息源的可访问性与质量
[14]	2009	家长、青少年	12969 人	分析了不同教育背景下家长和青少年的网络健康信息寻求行为	教育背景
[15]	2010	手机用户	—	分析了我国手机用户网络信息寻求行为的内部与外界因素	认知能力、知识结构、信息素质、上网兴奋点、职业、收入、无线网接入方式和手机媒体
[16]	2012	学术研究人员	2063 人	分析了学术研究人员的网络信息寻求行为	人口统计学因素、心理因素、角色相关因素、环境因素
[17]	2012	大学生	67 人	采用屏幕跟踪法分析了大学生的网络旅游信息搜索行为	旅游经验、网络经验、网站知名度和性质
[9]	2013	脸书（Facebook）用户	337 人	分析了网络信息寻求行为与人格特质和社会背景之间的关系	人格特质和社会背景
[18]	2016	大学生	37 人	调查研究了网络信息寻求行为的规律，并对其影响因素进行了进一步分析	知识和检索经验

文献	年份	对象	规模	内容	影响因素
[19]	2017	病人	486 人	结合风险感知态度框架和社会支持，对 486 名病人的网络健康信息寻求行为进行了调查	风险感知和社会支持
[20]	2020	印度成年居民	321 人	调查和分析了 321 名印度成年居民的网络健康信息寻求行为与各种社会人口变量之间的关系	各种社会人口变量

表 2.3 网络信息分享行为影响因素的相关研究

文献	年份	对象	规模	内容	影响因素
[21]	2004	在线消费者	2000 人	分析网络信息分享行为动机的结构和相关信息	对社交互动、关注其他消费者和提升用户自身价值的三种渴望
[8]	2007	博客用户	155 人	研究了网络信息分享行为与若干因素之间的关系	知识、自我效能、个人的结果期望、主观规范、反馈
[22]	2012	健康信息分享者	257 人	调查了健康信息分享者的行为，提出并测试了 10 个相关因素	利他、享受、成就感和地位等
[23]	2013	推特（Twitter）用户	165000+ 人	基于推特用户的数据，分析了用户网络信息分享行为与情绪之间的关系	社交媒体内容中包含的情绪
[24]	2016	包含社交功能的电商网站的用户	1177 人	分析用户的上网行为，提出用户网络信息分享行为的理论模型并进行实证检验	声誉、享受、职位、学位、客户专业知识和互惠
[10]	2019	高校师生和企事业单位工作者	326 人	分析了受试者在百度知道、知乎和微信等网络平台分享知识的行为	信任、隐私风险
[11]	2020	社交网站用户	405 人	运用定量行为理论和社会角色理论分析了网络信息分享行为决策中的性别差异	性别

2.1.2　网络社交行为

网络社交行为是赛博空间人类行为的重要组成部分。随着互联网的发展，人类的网络社交行为也在不断地发生变化，对其研究也在不断地深入。

在 20 世纪 70 年代至 80 年代，网络社交行为的形式很简单，主要通过电子邮件进行。20 世纪 90 年代后期，一些简单的网络社交平台陆续出现（如现已关闭的 Geocities、TheGlobe.com 等），人们可以通过网络聊天等手段进行网络社交。

进入 21 世纪，网络社交平台的种类愈渐丰富（如 QQ、Friendster、MySpace、脸书、推特和微信等），功能也更多。人们在网络上拥有了更高的自由度，这为信息发布和交友等提供了极大的便利。对此，研究人员针对网络社交行为的目的、影响因素等开展了各种研究。例如，2007 年，Scott A. Golder 等人发现网络社交行为的目的是维持和建立远距离的社交联系[25]。次年，John Raacke 和 Jennifer Bonds-Raacke 的研究表明用户参与网络社交的共同目的是："与老朋友保持联系""与当前朋友保持联系""上传 / 查看照片""交新朋友"和"找到老朋友"[26]。2010 年，他们为了探究网络社交行为多种目的之间的相关性，进一步将网络社交行为分为三个维度，即信息维度、友谊维度和联系维度[27]。同年，张炀等人对我国网络社交用户进行了调查，结果显示男性为了追求参与感、刺激感和成就感更喜欢和陌生人聊天，而女性为了安全和稳定更喜欢和熟人聊天[28]。2015 年，Ecem Basak 和 Fethi Calisir 发现用户的网络社交行为与寻求娱乐和地位有显著联系[29]。除了目的以外，网络社交行为的影响因素也是重要的研究课题之一。2008 年，Adam N. Joinson 发现女性在社交网络中比男性更关注自己的隐私[30]。2013 年，Olivier Toubia 等人指出用户创作内容的行为受内在驱动和印象的影响，取决于不同的动机，用户粉丝数量的增加会提高或降低用户创作内容的积极性[31]。2014 年，宋姜等人发现用户网络社交行为的偏好与是否擅长面对面社交、网络社交在周围人群的普及程度、网络社交经验以及线下交流的满意度有关[32]。相关研究的一些情况对比如表 2.4 所示。

表 2.4 网络社交行为影响因素的相关研究

文献	年份	对象	规模	内容	影响因素
[33]	2006	社交网站用户	174 人	探讨了性别、年龄、互联网使用时间和网络社交行为之间的关系	年龄、性别和使用时长
[34]	2007	大学生	1060 人	研究了三种用户特征与社交网站使用之间的关系	性别、种族和教育
[30]	2008	脸书用户	241 人	分析了网络社交行为数据与性别、满意度的关系	性别和满意度
[35]	2011	脸书用户和非脸书用户	1324 人	研究了人格特质如何影响网络社交行为	人格特质
[36]	2012	脸书用户	1026 人	研究了社交网络使用行为与年龄、性别的关系	年龄和性别
[37]	2012	使用脸书的大学生	219 人	分析了受试者在脸书平台上的一般行为模式与人格特质、使用经验的关系	人格特质和使用经验
[31]	2013	脸书用户	2493 人	分析了关注者、粉丝数量的变化与用户内容创作之间的关系	内在驱动、印象和粉丝
[32]	2014	社交网站用户	233 人	利用结构方程分析法分析了网络社交行为偏好的影响因素	是否擅长面对面交流、网络社交在朋友圈内的普及程度、网络社交经验、线下交流满意度
[38]	2014	社交网站用户推文	230 万条推文	研究了格兹公园（Gezi Park）事件期间 25 天内用户推文的变化	社会状态
[39]	2017	社交网站用户	5208 人	通过使用一些主观的幸福感测量方法研究了网络社交活动与现实生活中社交活动之间的关系	身体健康、心理健康、生活满意度和身体质量指数（Body Mass Index，BMI）
[40]	2019	社交网站用户	830 人	分析了用户行为数据，考察了网络社交行为与人格特质的关系	人格特质

　　此外，人类在赛博空间的生活导致了赛博综合征（详见本书第 3 章）的出现，因而一些研究人员开始关注网络社交行为与心理健康之间的关系。2007 年，

Nicole B. Ellison 等人发现，与经常上网的人相比，那些很少在网上社交的人对生活的满意度低[41]。Igor Pantic 等人（2012 年）和 Nikolina Banjanin 等人（2015 年）认为青少年的网络社交时间与抑郁、焦虑的程度呈正相关[42-43]。然而，Paul Best 等人（2014 年）和 Chiungjung Huang（2017 年）认为两者之间的关系很小[44-45]。2020 年，Sarah M. Coyne 等人经过八年的研究证实，增加网络社交行为不会影响心理健康[46]。

2.1.3　网络购物行为

网络购物克服了传统购物费时、费力等缺点，让人们足不出户就可以买到绝大多数想要的商品。早在 20 世纪 60 年代，网络购物行为就已经出现。当时，IBM 的在线交易处理（Online Transaction Processing，OLTP）能够实时处理交易，例如计算机订票。1972 年，Mohamed M. Atalla 基于电信网络实现了一个安全交易系统，该系统使用加密技术来确保电话通信的安全。1984 年，B2C 在线购物系统 Gateshead SIS/Tesco 问世，Snowball 夫人成为第一个在线家庭购物者。这段时期，由于计算机技术和互联网的限制，网络购物的人很少。

20 世纪 90 年代，网络购物开始逐渐引起人们的注意。1989 年，红杉数据公司推出了 Compumarket，卖家可以在其中发布待售商品，买家可以搜索数据库并使用信用卡购买商品。1994 年，亚马逊（Amazon）公司成立，它的最初目标是成为全球最大的书店，后来试图成为全球最大的零售商。次年，Pierre Omidyar 成立了拍卖网站 eBay，这是较早的用户对用户在线拍卖网站。1996 年 11 月，中国市场出现网络购物，购物者是加拿大驻中国大使贝祥，他通过实华开科技有限公司的网购平台，购进了一件景泰蓝瓷器"龙凤牡丹"。1998 年，刘强东成立了京东。1999 年，马云成立了阿里巴巴。虽然网购平台开始红火，但当时人们能买到的产品有限，网购流程依旧烦琐。

进入 21 世纪，随着网购平台功能的完善、产品种类的增加和购物流程的简化，越来越多的人开始选择网络购物。网络购物行为呈现多元化发展趋势。为了更深入地了解网络购物行为，人们开始研究其影响因素。2008 年，基于信任和技术接受模型（包括感知有用性和易用性），Dan J. Kim 等人发现平台的声誉、信息质量、隐私保护、安全措施和消费者的信任倾向对网络购物行为有显著影响[47]。2010 年，Wen-Chin Tsao 和 Hung-Ru Chang 发现大五人格理论中的神经质性、外倾性和开放性对消费者的网络购物行为具有积极影响[48]。网络购物行为影响因素的一些相关研究对比见表 2.5。

表 2.5　网络购物行为影响因素的相关研究

文献	年份	对象	规模	内容	影响因素
[49]	2000	MBA 学生	217 人	调查了使用信息技术的首要任务是否直接影响信息技术的使用意愿	感知易用性
[50]	2000	—	—	描述了网络购物行为中忠诚度的含义	信任
[51]	2001	网购者	176 人	调查了感知易用性、感知有用性和感知风险对网络购物行为的影响	感知易用性、感知有用性和感知风险
[52]	2003	网购者	3987 人	从理论角度分析了经济激励和感知风险对网络购物行为的影响	经济激励和感知风险
[53]	2006	网购者	201 人	研究了人们持续进行网络购物的原因	先前使用满意与否
[54]	2009	大学生和银行职员	496 人	调查分析了受试者在淘宝网购物的行为	网站信誉、商品丰富程度与价格、网站可用性、安全性、顾客评价和线上与线下的交流
[48]	2010	网购者	429 人	研究了 429 名网购者的人格特质对其网络购物行为的影响	人格特质
[55]	2013	网购者	245 人	调查分析了网购者放弃网络购物行为的原因	娱乐价值、购物车组织功能、低价偏好
[56]	2013	女性网购者	176 人	研究了消费者评论和名人代言对女性网络购物行为的影响	消费者评论和名人代言
[57]	2016	亚马逊用户评论	近 30000 条评论	分析了亚马逊平台上的消费者评论，以比较美国和中国消费者的网络购物行为	网购平台的成熟度
[58]	2021	网购者	1302 人	进行了五个实验，以探讨性别和产品使用环境对网络购物行为的影响	性别和产品使用环境

另外，随着虚拟现实和增强现实技术的进步，网络购物出现了一些新的功能和行为，例如在线试穿衣服。人工智能的发展使得购物网站的产品推荐更加符合消费者的购物习惯和心理预期。这些进步给网络购物带来了极大的便利，促进了网络购物行为的进一步发展。例如，用户将客厅的照片上传至应用程序，它就可以自动测量客厅的空间并向用户推荐适合该空间的家具；用户可以在 App 生成的 3D 客厅中，根据自己的想法和观察，随意搭配家具。

2.1.4　网络游戏行为

网络游戏消除了物理空间和赛博空间的界限，为人类提供了一种新的娱乐方式。网络游戏种类繁多，如射击类、休闲类等，其行为也多种多样，包括战斗、建设、协调和交流等。

1980 年面世的多用户地下城（Multi-User Dungeon，MUD）是网络游戏接入 ARPANET 的早期例子。20 世纪 90 年代，由于互联网还没有普及，网络游戏的发展还处于起步阶段。因此，网络游戏的类型相对较少，主要集中于两种类型：一类是第一人称射击游戏，如反恐精英和虚幻竞技场；另一类是实时战略游戏，如帝国时代和星际争霸。常见的网络游戏行为包括：玩家控制化身与其他玩家进行模拟枪战对抗，玩家在虚拟世界中培养自己的（军事）力量与其他玩家的（军事）力量对抗。

进入 21 世纪，随着游戏技术和互联网的进步，网络游戏迅速发展，具体体现为游戏种类的增多和流行度的上升。例如，大型多人在线角色扮演游戏备受关注。在这类游戏中，玩家可以创建自己的角色与各种怪物战斗、与其他玩家进行交流和互动等。

随着网络游戏的发展逐渐成熟，网络游戏行为的类型越来越多样化。为了深入了解网络游戏行为，研究人员开始研究其中影响因素与身心健康的关系。影响因素有多种，如性别、年龄和性格特征等，如表 2.6 所示。此外，一些研究人员发现，过度沉溺网络游戏会损害身心健康。2012 年，Daria Joanna Kuss 和 Mark D. Griffiths 指出个性与网络游戏成瘾有关[59]。2018 年，Kyeo Woon Jung 等人发现逃避现实、攻击动机和获得成就与网络游戏成瘾有关[60]。2020 年，张永欣等人发现父母网络监管及其产生的心理阻抗与网络游戏成瘾相关[61]。网络游戏虽然给人类的生活带来了很多便利，但人类应该恪守合理、健康的原则，才能营造更好的游戏环境。

表 2.6   网络游戏行为影响因素的相关研究

文献	年份	对象	规模	内容	影响因素
[62]	2004	网络游戏玩家	540 人	调查分析了玩家的基本人口统计信息与游戏频率和游戏历史之间的关系	基本人口统计信息
[63]	2009	网络游戏玩家	458人	提出了一个理论模型来解释和预测玩家的网络游戏行为，并进行了实证研究	游戏体验、互动、性别和年龄
[64]	2009	城市青少年	1466 人	调查研究了城市青少年的网络游戏意识对网络游戏行为的影响	网络游戏意识
[65]	2010	网络游戏玩家	467 人	研究了网络游戏玩家的三种网络游戏主要动机（追求成就、享受社交和逃避现实）对具体游戏行为的影响	网络游戏动机
[66]	2012	"魔兽世界"玩家	2037 人	研究了网络游戏行为偏好如何映射到被调查者的人口统计数据	基本人口统计信息
[67]	2014	"魔兽世界"玩家	205 人	调查研究了人格特质与网络游戏行为的关系	人格特质
[68]	2017	大学生	1584 人	分析了网络游戏行为的影响因素	游戏体验、主观规范和态度
[69]	2021	网络游戏玩家	816 人	调查研究了网络游戏中的一种反社会行为与几个潜在因素之间的关系	人格特质、情绪反应和动机

2.1.5   网络激进主义行为

20 世纪 90 年代，电子邮件和静态网页是实现网络激进主义行为的主要途径。例如，1990 年，一款名为"Lotus Marketplace：Households"的产品以 CD-ROM 的形式存储了 1.2 亿美国人的姓名、地址和购买行为。该产品迅速引发热议，约 3 万人通过电子邮件或留言板组织网络抗议。1998 年，Joan Blades 和 Wes Boyd 向白宫网站发送了一份名为"MoveOn"的在线请愿书。该请愿书最初只发送给了大约 100 名家人和朋友，但在一周内收到了 10 万个签名。最终，它获得了 500 万个签名。这一阶段，虽然信息传播速度较慢，但不难看出网络激进主义行为的传播范围和影响是显著的。

进入 21 世纪，随着网络社交技术的发展，人类的网络激进主义行为转向网络社交媒体（如 MySpace、脸书和推特等）。2006 年美国加利福尼亚移民抗议期间，洛杉矶地区的高中生在 MySpace 上联系了中央谷的其他青少年，发动了 1000 名弗雷斯诺市的学生加入罢课。同年，Tarana Burke 在 MySpace 发起了旨在帮助贫困地区性侵受害者的"#MeToo"活动。2013 年 7 月，"#BlackLivesMatter"标签出现在网络社交媒体上，它通常被用来倡导反对警察对黑人的暴力行为。2013 年 7 月至 2018 年 5 月 1 日，"#BlackLivesMatter"标签已被发布超过 3000 万次，平均每天 17002 次。美国的皮尤研究中心（Pew Research Center）于 2020 年 6 月进行的一项调查发现，67% 的美国成年人支持该项活动。表 2.7 列出了一些具有代表性的网络激进主义行为。

表 2.7　代表性的网络激进主义行为

网络激进主义行为	日期	网络范围
美国加利福尼亚移民抗议	2006 年 3 月	Myspace
美国反性骚扰运动	2006 年至今	Myspace
哥伦比亚革命武装力量抗议	2008 年 2 月	脸书
伊朗选举抗议	2009 年 6 月	推特和 YouTube
希腊抗议	2010 年 3 月	脸书
西班牙反紧缩抗议	2011 年 5 月	脸书
沙特阿拉伯女性禁驾令抗议	2011 年 6 月	脸书和推特
伦敦暴动	2011 年 8 月	推特
反对《禁止网络盗版法案》和《保护知识产权法案》抗议	2012 年 1 月	网站
人权运动	2013 年 3 月	脸书
黑人抗议歧视运动	2013 年 7 月至今	推特
"他"为"她"运动	2014 年 9 月至今	推特和 YouTube

续表

网络激进主义行为	日期	网络范围
"停止资助仇恨"	2016 年 8 月	脸书
美国妇女联盟大游行运动	2017 年 1 月	脸书、推特和 YouTube
"为我们的生命游行"	2018 年 3 月	脸书、Instagram、推特和 Snapchat
气候变化青年行动	2019 年 3 月	Slack 和 WhatsApp
"乔治·弗洛伊德的正义"	2020 年 5 月	"Change" 请愿网站、脸书和推特

这一阶段，网络激进主义行为与传统社会活动密切相关，即一场集会通常采用线上和线下结合的形式，这促使学者展开了网络激进主义行为与传统社会活动关系的研究。

一些研究人员认为网络激进主义行为是低效的、只有象征性的支持和懒惰激进主义[70-71]。2012 年，Mark A. Drumbl 认为网络激进主义行为中的点击行动主义的注意力持续时间短、有效期有限。2015 年，Sandy Schumann 和 Olivier Klein 发现参与线上行动会抑制线下行动的参与，这与懒惰激进主义假设一致[72]。

另一些研究人员表达了相反的观点。2012 年，Summer Harlow 和 Dustin Harp 发现受访者认为网络激进主义行为可以转化为传统的激进主义行为。此外，与没有网络激进主义行为相比，有网络激进主义行为时的线下运动发展得更好[73]。2016 年，Anna Kende 等人认为当互联网行为被用来表达群体身份并建立政治化身份时，网络激进主义行为会推动未参加活动的群众在未来参与行动[74]。2015 年，Sasha Dookhoo 发现从事网络激进主义活动的人员，主要通过网络激进主义行为来满足他们对互动和归属感的内在需求。此外，他还发现千禧一代的网络激进主义行为高于线下激进主义行为[75]。2020 年，Hedy Greijdanus 等人发现线上和线下激进主义行为是正相关且相互交织的[76]。

还有一些研究人员表达了中立的观点。例如，2019 年，Denise J. Wilkins 等人指出网络激进主义行为能否推动线下的激进主义行为，取决于之前的积极性水平和个人对集体活动贡献有效性的信念[77]。

2.1.6　网络犯罪行为

网络犯罪是指人们利用计算机技术攻击或破坏系统、网络和信息中心，或用网络实施的其他犯罪活动的总称。网络犯罪行为具有成本低、传播速度快、范围广的特点。例如，1999 年第一个大规模电子邮件病毒 Melissa 攻击了全球超过 100 万个电子邮件账户，造成约 8000 万美元的损失。由于互联网具有匿名性，网络犯罪还具有互动性高、保密性高和取证难等特点，会严重危害互联网及信息的安全，破坏网络和社会秩序。常见的网络犯罪行为包括：传播网络谣言和计算机病毒、过度网络欺凌、攻击计算机系统、销售违禁品和在线非法交易等。网络犯罪的研究涉及侦查、预防、治理和立法，本书第 12 章将进一步对其进行探讨。

2.2　赛博空间人类行为分析的历史

赛博空间人类行为分析是一种网络监控技术，可以检测、分析网络行为，以确保网络的安全。20 世纪 90 年代，基于数据包和流量的赛博空间人类行为分析技术出现了。该技术首先利用网络流量采集、消息分类和数据包重组等技术抽取与赛博空间人类行为相关联的信息，随后对这些信息进行深入解析，以解释赛博空间人类行为。这些技术通常用于检测异常流量和黑客攻击等。例如，网站服务器突然涌入大量要求回复的数据包和流量，导致网络带宽或系统资源不足、服务器瘫痪，这往往是有人使用僵尸网络对服务器进行了分布式拒绝服务（Distributed Denial of Service，DDoS）攻击。进入 21 世纪，随着计算机和智能技术的进步，基于统计和机器学习的分析方法比传统方法更加高效，因此成为检测异常流量和攻击的主流方法。表 2.8 [78-79] 列出了一些基于数据包和流量的赛博空间人类行为分析相关技术。

进入 21 世纪后，除了基于数据包和流量的行为分析技术，针对用户行为的分析技术也开始出现，它主要研究用户的行为习惯。该技术主要处理用户的结构化数据和非结构化数据。结构化数据（支付、购买和访问）可以直接用结构化的表格表示。非结构化数据（图片、音频和文本）需要采用图像处理技术、音频转换技术和自然语言处理技术转换为结构化数据，再利用知识图谱、用户画像和数据挖掘等技术对用户行为数据进行分析。表 2.9 列出了一些针对用户行为的分析技术。

表 2.8　基于数据包和流量的赛博空间人类行为分析相关技术

年份	技术名称	数据采集	数据分析	补充描述
1988	简单网络管理协议（Simple Network Management Protocol，SNMP）	√		SNMP 是 IP 网络用于管理网络节点的应用层协议。它的第一个互联网工程任务组（The Internet Engineering Task Force，IETF）征求意见稿（Request for Comments，RFC）系列为 RFC1065、RFC1066 和 RFC1067
1991	远程网络监控管理信息库	√		RFC1271，分析了流量采集成本与采集粒度粗细的关系
1996	实时流量采集体系结构	√		一种网络流量采集的体系结构，形成了 RFC2036
1996	NetFlow	√		由 Cisco 提出的一种网络监测技术，形成了 RFC3954
20 世纪 90 年代	深度报文检测		√	一种得到广泛使用的深入挖掘数据包特征的分析技术
2000	HiCuts[80]		√	一种报文分类方法，得到了广泛应用
2001	sFlow	√		由惠普等公司联合推出的一种网络监测技术，形成了 RFC3176
2005	BLINC 算法[81]		√	一种适用于传输层复杂流量分析的技术
2009	Syslog		√	IETF 组织标准化的一种消息记录标准，见 RFC2424

表 2.9　针对用户行为的分析技术

年份	技术名称	补充描述
2001	基于软计算技术的用户建模[82]	软计算技术单独或与其他机器学习技术相结合，用于用户建模

年份	技术名称	补充描述
2003	概率用户行为模型[83]	一种基于最大熵和马尔可夫模型的混合模型，可以用于预测 Web 用户的个性化行为
2006	挖掘和建模数据库用户访问模式[84]	基于数据库中的用户记录，利用数据挖掘和机器学习对用户访问模式进行建模，得到的用户访问图可以很好地模拟数据库用户行为。该方法同样适用于 Web 日志分析
2009	基于时间序列模型的用户日常活动建模[85]	基于时间序列模型对社交网络中用户的日常活动进行建模，并定量分析了用户行为对社交网络的贡献和对其他用户的影响
2014	时间上下文感知混合模型（Temporal Context-aware Model，TCAM）[86]	分析了社交网络中的用户行为，设计了一个用户行为模型以解释用户行为背后的意图和偏好
2018	基于加权多属性的推荐系统[87]	一种基于加权多属性算法和用户在网络上的显式和隐式反馈开发的推荐系统，其效果优于基于协同过滤算法的推荐系统
2021	基于用户画像的在线行为与分数相结合的模型[88]	一种基于用户画像分析非定向上网行为与学习成绩相关性的模型

2.3　讨论与展望

互联网的发展为人类提供了一种新的生活方式，使人们能够在网络中进行信息寻求与分享、社交、购物、游戏等，但也给人类带来了新的挑战，如网络犯罪。随着人类在赛博空间中各种行为的发展，现实生活中的个体与赛博空间的联系越来越紧密，促使研究人员更深入地研究这些行为。进入 21 世纪后，赛博空间中出现了一些虚拟的智能个体，如 Siri、谷歌助理（Google Assistant）、Alexa 和小度等，它们可以在赛博空间中执行一些与人类相似的行为，例如简单的办公室工作。2022 年底引发全球关注的 Chat GPT 等大模型技术，则展示出了更强大的功能和更广泛的应用场景。未来，智能个体会逐渐成熟，它们可能会拥有和人类一样的智慧和思维。因此，有以下三个问题值得考虑。

（1）人类如何与赛博空间智能个体相处？

（2）智能个体的行为是否与其个体特征有关？

（3）智能个体的行为是否要受道德和法律的约束和规范？

参考文献

[1] 查先进，张晋朝，严亚兰，等. 网络信息行为研究现状及发展动态述评 [J]. 中国图书馆学报，2014，40（4）：100-115.

[2] Pitkow J E，Recker M M. Results from the first world-wide web user survey[J]. Computer Networks and ISDN Systems，1994，27（2）：243-254.

[3] Dervin B. Sense-making theory and practice: an overview of user interests in knowledge seeking and use[J]. Journal of Knowledge Management，1998，2（2）：36-46.

[4] Wilson T D. Models in information behaviour research[J]. Journal of Documentation，1999，55（3）：249-270.

[5] Rioux K. Sharing information found for others on the world wide web: a preliminary examination[C]. Proceedings of the ASIS Annual Meeting，2000，37: 68-77.

[6] 张萃平，王兴琼. 网络信息分享行为研究综述 [J]. 重庆工商大学学报（社会科学版），2018，35（5）：94-102.

[7] Zimmer J C，Henry R M，Butler B S. Determinants of the use of relational and nonrelational information sources[J]. Journal of Management Information Systems，2007，24（3）：297-331.

[8] Lu H P，Hsiao K L. Understanding intention to continuously share information on weblogs[J]. Internet Research，2007，17（4）：345-361.

[9] Stefanone M A，Hurley C M，Yang Z J. Antecedents of online information seeking[J]. Information，Communication & Society，2013，16（1）：61-81.

[10] 周涛，王盈颖，邓胜利. 在线健康社区用户知识分享行为研究 [J]. 情报科学，2019，37（4）：72-78.

[11] Lin X，Wang X. Examining gender differences in people's information-sharing decisions on social networking sites[J]. International Journal of Information

Management，2020，50: 45-56.

[12] Rieh S Y. Investigating Web searching behavior in home environments[J]. Proceedings of the American Society for Information Science and Technology，2003，40（1）: 255-264.

[13] Heinström J. Fast surfing，broad scanning and deep diving: the influence of personality and study approach on students' information-seeking behavior[J]. Journal of Documentation，2005，61（2）: 228-247.

[14] Zhao S. Parental education and children's online health information seeking: beyond the digital divide debate[J]. Social Science & Medicine，2009，69（10）: 1501-1505.

[15] 赵云龙. 我国手机用户网上信息行为影响因素研究 [J]. 经济师，2010，10: 65-67.

[16] Niu X，Hemminger B M. A study of factors that affect the information-seeking behavior of academic scientists[J]. Journal of the American Society for Information Science and Technology，2012，63（2）: 336-353.

[17] 杨敏，马耀峰，李天顺，等. 基于屏幕跟踪的大学生在线旅游信息搜索行为研究 [J]. 旅游科学，2012，26（3）: 67-77.

[18] 张敏，聂瑞，罗梅芬. 健康素养对用户健康信息在线搜索行为的影响分析 [J]. 图书情报工作，2016，60（7）: 103-109.

[19] Deng Z，Liu S. Understanding consumer health information-seeking behavior from the perspective of the risk perception attitude framework and social support in mobile social media websites[J]. International Journal of Medical Informatics，2017，105: 98-109.

[20] Parija P P，Tiwari P，Sharma P，et al. Determinants of online health information-seeking behavior: a cross-sectional survey among residents of an urban settlement in Delhi[J]. Journal of Education and Health Promotion，2020，9（1）: 344.

[21] Hennig-Thurau T，Gwinner K P，Walsh G，et al. Electronic word-of-mouth via consumer-opinion platforms: what motivates consumers to articulate themselves on the Internet?[J]. Journal of Interactive Marketing，2004，18（1）: 38-52.

[22] Oh S. The characteristics and motivations of health answerers for sharing information，knowledge，and experiences in online environments[J]. Journal of the American Society

for Information Science and Technology，2012，63（3）：543-557.

[23] Stieglitz S，Dang-Xuan L. Emotions and information diffusion in social media—sentiment of microblogs and sharing behavior[J]. Journal of management information systems，2013，29（4）：217-248.

[24] Liu L，Cheung C M K，Lee M K O. An empirical investigation of information sharing behavior on social commerce sites[J]. International Journal of Information Management，2016，36（5）：686-699.

[25] Golder S A，Wilkinson D M，Huberman B A. Rhythms of social interaction: messaging within a massive online network[J]. Communities and Technologies 2007，2007: 41-66.

[26] Raacke J，Bonds-Raacke J. MySpace and Facebook: applying the uses and gratifications theory to exploring friend-networking sites[J]. Cyberpsychology & Behavior，2008，11（2）：169-174.

[27] Bonds-Raacke J，Raacke J. MySpace and Facebook: identifying dimensions of uses and gratifications for friend networking sites[J]. Individual Differences Research，2010，8（1）：27-33.

[28] 谢新洲，张炀. 我国网民网络社交行为调查 [J]. 图书情报工作，2011，55（6）：16-19.

[29] Basak E，Calisir F. An empirical study on factors affecting continuance intention of using Facebook[J]. Computers in Human Behavior，2015，48: 181-189.

[30] Joinson A N. Looking at，looking up or keeping up with people? Motives and use of Facebook[C]. Proceedings of the SIGCHI Conference on Human Factors in Computing Systems. NY: ACM，2008: 1027-1036.

[31] Toubia O，Stephen A T. Intrinsic vs. image-related utility in social media: why do people contribute content to twitter?[J]. Marketing Science，2013，32（3）：368-392.

[32] 宋姜，甘利人，吴鹏. 网络社交偏好影响因素研究 [J]. 情报杂志，2014，33（1）：140-145.

[33] Thayer S E，Ray S. Online communication preferences across age，gender，and duration of Internet use[J]. CyberPsychology & Behavior，2006，9（4）：432-440.

[34] Hargittai E. Whose space? Differences among users and non-users of social network

sites[J]. Journal of Computer-Mediated Communication，2007，13（1）: 276-297.

[35] Ryan T，Xenos S. Who uses Facebook? An investigation into the relationship between the Big Five，shyness，narcissism，loneliness，and Facebook usage[J]. Computers in Human Behavior，2011，27（5）: 1658-1664.

[36] McAndrew F T，Jeong H S. Who does what on Facebook? Age，sex，and relationship status as predictors of Facebook use[J]. Computers in Human Behavior，2012，28（6）: 2359-2365.

[37] Moore K，McElroy J C. The influence of personality on Facebook usage，wall postings，and regret[J]. Computers in Human Behavior，2012，28（1）: 267-274.

[38] Varol O，Ferrara E，Ogan C L，et al. Evolution of online user behavior during a social upheaval[C]. Proceedings of the ACM Conference on Web Science. NY: ACM，2014: 81-90.

[39] Shakya H B，Christakis N A. Association of Facebook use with compromised well-being: A longitudinal study[J]. American Journal of Epidemiology，2017，185（3）: 203-211.

[40] Shchebetenko S. Do personality characteristics explain the associations between self-esteem and online social networking behaviour?[J]. Computers in Human Behavior，2019，91: 17-23.

[41] Ellison N B，Steinfield C，Lampe C. The benefits of Facebook "friends": social capital and college students' use of online social network sites[J]. Journal of Computer-Mediated Communication，2007，12（4）: 1143-1168.

[42] Pantic I，Damjanovic A，Todorovic J，et al. Association between online social networking and depression in high school students: behavioral physiology viewpoint[J]. Psychiatria Danubina，2012，24（1）: 90-93.

[43] Banjanin N，Banjanin N，Dimitrijevic I，et al. Relationship between internet use and depression: focus on physiological mood oscillations，social networking and online addictive behavior[J]. Computers in Human Behavior，2015，43: 308-312.

[44] Best P，Manktelow R，Taylor B. Online communication，social media and adolescent wellbeing: a systematic narrative review[J]. Children and Youth Services Review，2014，41: 27-36.

[45] Huang C. Time spent on social network sites and psychological well-being: a meta-analysis[J]. Cyberpsychology, Behavior, and Social Networking, 2017, 20（6）: 346-354.

[46] Coyne S M, Rogers A A, Zurcher J D, et al. Does time spent using social media impact mental health? An eight year longitudinal study[J]. Computers in Human Behavior, 2020, 104: 106-160.

[47] Kim D J, Ferrin D L, Rao H R, A trust-based consumer decision-making model in electronic commerce: the role of trust, perceived risk, and their antecedents[J]. Decision support systems, 2008, 44（2）: 544-564.

[48] Tsao W C, Chang H R. Exploring the impact of personality traits on online shopping behavior[J]. African Journal of Business Management, 2010, 4（9）: 1800-1812.

[49] Gefen D, Straub D W. The relative importance of perceived ease of use in IS adoption: A study of e-commerce adoption[J]. Journal of the Association for Information Systems, 2000, 1（1）: 1-8.

[50] Reichheld F F, Schefter P. E-loyalty: your secret weapon on the web[J]. Harvard Business Review, 2000, 78（4）: 105-113.

[51] Lee D, Park J, Ahn J H. On the explanation of factors affecting e-commerce adoption[C]. Proceedings of the International Conference on Information Systems. US: AISeL, 2001: 14.

[52] Salam A F, Rao H R, Pegels C C. Consumer-perceived risk in e-commerce transactions[J]. Communications of the ACM, 2003, 46（12）: 325-331.

[53] Hsu M H, Yen C H, Chiu C M, et al. A longitudinal investigation of continued online shopping behavior: an extension of the theory of planned behavior[J]. International Journal of Human-Computer Studies, 2006, 64（9）: 889-904.

[54] 王谢宁. 消费者在线购物行为影响因素的实证研究 [J]. 大连理工大学学报（社会科学版）, 2009, 30（4）: 23-27.

[55] 许政, 朱翊敏, 林新建. 在线购物放弃行为驱动因素的实证分析 [J]. 税务与经济, 2013, 2: 26-31.

[56] Wei P S, Lu H P. An examination of the celebrity endorsements and online customer reviews influence female consumers' shopping behavior[J]. Computers in Human

Behavior，2013，29（1）：193-201.

[57] Zhou Q，Xia R，Zhang C. Online shopping behavior study based on multi-granularity opinion mining: China versus America[J]. Cognitive Computation，2016，8（4）：587-602.

[58] González E M，Meyer J H，Toldos M P. What women want? How contextual product displays influence women's online shopping behavior[J]. Journal of Business Research，2021，123: 625-641.

[59] Kuss D J，Griffiths M D. Internet gaming addiction: a systematic review of empirical research[J]. International Journal of Mental Health and Addiction，2012，10（2）：278-296.

[60] Jung K W，Jeong H，Yi I. Effect of gaming motivation on internet gaming addiction in massively multiplayer online role playing game（MMORPG）users: mediating effects of in-game behavior[J]. Korean Journal of Health Psychology，2018，23（2）：547-570.

[61] 张永欣，张惠雯，丁倩，等. 心理阻抗、父母网络监管与初中生网络游戏成瘾的关系 [J]. 中国临床心理学杂志，2020，28（4）：709-712.

[62] Griffiths M D，Davies M N O，Chappell D. Online computer gaming: a comparison of adolescent and adult gamers[J]. Journal of Adolescence，2004，27（1）：87-96.

[63] Lee M C. Understanding the behavioural intention to play online games: an extension of the theory of planned behavior[J]. Online Information Review，2009，33（5）：849-872.

[64] 黄少华. 网络游戏意识对网络游戏行为的影响——以青少年网民为例 [J]. 新闻与传播研究，2009，16（2）：59-68.

[65] 钟智锦. 使用与满足：网络游戏动机及其对游戏行为的影响 [J]. 国际新闻界，2010，32（10）：99-105.

[66] Yee N，Ducheneaut N，Shiao H T，et al. Through the azerothian looking glass: mapping in-game preferences to real world demographics[C]. Proceedings of the SIGCHI Conference on Human Factors in Computing Systems. NY: ACM，2012: 2811-2814.

[67] Worth N C, Book A S. Personality and behavior in a massively multiplayer online role-playing game[J]. Computers in Human Behavior, 2014, 38: 322-330.

[68] Alzahrani A I, Mahmud I, Ramayah T, et al. Extending the theory of planned behavior（TPB）to explain online game playing among Malaysian undergraduate students[J]. Telematics and Informatics, 2017, 34（4）: 239-251.

[69] Lemercier-Dugarin M, Romo L, Tijus C, et al. "Who are the cyka blyat?" How empathy, impulsivity, and motivations to play predict aggressive behaviors in multiplayer online games[J]. Cyberpsychology, Behavior, and Social Networking, 2021, 24（1）: 63-69.

[70] Gladwell M. Small change[J]. The New Yorker, 2010, 4: 42-49.

[71] Christensen H S. Political activities on the Internet: slacktivism or political participation by other means?[R]. First Monday, 2011.

[72] Schumann S, Klein O. Substitute or stepping stone? Assessing the impact of low-threshold online collective actions on offline participation[J]. European Journal of Social Psychology, 2015, 45（3）: 308-322.

[73] Harlow S, Harp D. Collective action on the Web: a cross-cultural study of social networking sites and online and offline activism in the United States and Latin America[J]. Information, Communication & Society, 2012, 15（2）: 196-216.

[74] Kende A, Zomeren M V, Ujhelyi A, et al. The social affirmation use of social media as a motivator of collective action[J]. Journal of Applied Social Psychology, 2016, 46（8）: 453-469.

[75] Dookhoo S. How Millennials engage in social media activism: a uses and gratifications approach[D]. Florida: University of Central Florida, 2015.

[76] Greijdanus H, Fernandes C A, Turner-Zwinkels F, et al. The psychology of online activism and social movements: relations between online and offline collective action[J]. Current Opinion in Psychology, 2020, 35: 49-54.

[77] Wilkins D J, Livingstone A G, Levine M. All click, no action? Online action, efficacy perceptions, and prior experience combine to affect future collective action[J]. Computers in Human Behavior, 2019, 91: 97-105.

[78] 任春梅. 网络流量分析关键技术研究 [D]. 成都：电子科技大学，2013.

[79] 徐明，杨雪，章坚武. 移动设备网络流量分析技术综述 [J]. 电信科学，2018，34（4）：98-108.

[80] Gupta P，McKeown N. Classifying packets with hierarchical intelligent cuttings[J]. IEEE Micro，2000，20（1）：34-41.

[81] Karagiannis T，Papagiannaki K，Faloutsos M. BLINC: multilevel traffic classification in the dark[C]. Proceedings of the Conference on Applications，Technologies. Architectures，and Protocols for Computer Communications. NY: ACM，2005: 229-240.

[82] Zukerman I，Albrecht D W. Predictive statistical models for user modeling[J]. User Modeling and User-Adapted Interaction，2001，11（1）：5-18.

[83] Manavoglu E，Pavlov D，Giles C L. Probabilistic user behavior models[C]. Proceedings of the IEEE International Conference on Data Mining. NJ: IEEE，2003: 203-210.

[84] Yao Q，An A，Huang X. Mining and modeling database user access patterns[C]// Esposito F，Ras Z W，Malerba D，et al. Proceedings of the International Symposium on Methodologies for Intelligent Systems. Berlin: Springer，2006: 493-503.

[85] Hong D，Shen V Y. Online user activities discovery based on time dependent data[C]. Proceedings of the International Conference on Computational Science and Engineering. NJ: IEEE，2009: 106-113.

[86] Yin H，Cui B，Chen L，et al. A temporal context-aware model for user behavior modeling in social media systems[C]. Proceedings of the ACM SIGMOD International Conference on Management of Data. NY: ACM，2014: 1543-1554.

[87] Akcayol M A，Utku A，Aydogan E，et al. A weighted multi-attribute-based recommender system using extended user behavior analysis[J]. Electronic Commerce Research and Applications，2018，28: 86-93.

[88] Liang K，Liu J，Zhang Y. The effects of non-directional online behavior on students' learning performance: a user profile based analysis method[J]. Future Internet，2021，13（8）：199.

第 3 章

赛博综合征

互联网技术的发展提高了人类上网的频率，给人类的生活带来了极大的便利。然而，如果人类过度依赖网络，每天花费大量时间在赛博空间中，会对身体和心理健康造成损害。通常情况下，由于长期处于赛博空间而引发的身体或心理疾病被称为赛博综合征（Cyber Syndrome）。本章首先介绍赛博综合征的种类以及康复和治疗方法，然后讨论典型的赛博综合征——网络成瘾的诊断方法和治疗方案，最后对赛博综合征未来的研究进行展望。

本章重点

◆ 赛博综合征的概念及分类
◆ 赛博综合征的复健和治疗
◆ 典型的赛博综合征——网络成瘾

3.1 赛博综合征的概念与分类研究

随着互联网技术的发展，人类在赛博空间中的活动越来越频繁。统计数据显示，全球互联网用户数量庞大且增长迅速。2005 年，互联网用户仅为 11 亿人，到 2019 年已增长到了 39.69 亿人①。2019 年，经济合作与发展组织（The Organisation for Economic Co-operation and Development，OECD）成员国的互联网用户平均每天上网时长高达 4 小时，有些用户甚至会连续几天不间断地上网②，这会对人类的身体和心理健康产生一定的影响。此外，人类如果在赛博空间中的活动时间过长，会导致赛博综合征的发生。在这样的背景下，对赛博综合征的研究开始出现。

宁焕生等人提出了"赛博综合征"的概念[1]：赛博综合征，又称赛博使能疾病（Cyber-enabled Disease），是一种由于长时间处于赛博空间而影响用户身体、

---

① 可参考 statista 网站的 "number-of-internet-users-worldwide" 词条。
② 可参考 ourworldindata 网站的 "internet" 词条。

社交和精神健康的疾病。宁焕生等人将赛博综合征分为赛博使能生理疾病和赛博使能心理疾病两大类，表 3.1 给出了赛博综合征的分类示例[1]。

表 3.1　赛博综合征的分类示例

类型	例子
赛博使能生理疾病	脊柱疾病、颈椎病、眼病、头晕、失眠、皮炎、肥胖等
赛博使能心理疾病	社交恐惧症、游戏成瘾、购物成瘾、病态赌博、抑郁症等

3.1.1　对赛博使能生理疾病的研究

赛博使能生理疾病指过度用网给人身体带来的一系列疾病，如头晕、失眠、脊柱疾病、眼病等。1995 年，Laura J. Haughie 等人对 54 名每天使用计算机工作 4 小时以上的志愿者进行调查，所有受试者都表示工作后存在颈部疼痛的症状[2]。这一结果表明长时间使用计算机会导致肌肉和骨骼劳损。

进入 21 世纪，互联网技术进入了前所未有的快速发展阶段，电子设备普及率大幅提高，因此，更多的赛博使能生理疾病随之而来。

在 21 世纪初期，研究人员通过随访收集了一些关于身体状况的自我评估数据。2004 年，Sari M. Siivola 等人对 826 名 15 ~ 18 岁和 22 ~ 25 岁的年轻人进行了随机抽样调查，结果表明长期使用计算机是造成年轻人颈部和肩部疼痛的最重要的原因之一[3]。另外，相关学者也采用专业标准问卷和科学抽样方法对赛博使能生理疾病进行了调查。2006 年，Kausar Suhail 等人使用事件影响量表（Impact of Events，IES）对巴基斯坦的 200 名本科生进行评估，通过分析他们的网络滥用问题、人际关系问题等 7 个方面的皮尔逊指数，表明网络滥用会对人类的身体、心理和人际关系等方面产生影响[4]。2007 年，Maria Anna Coniglio 等人对意大利卡塔尼亚大学的 300 名学生进行问卷调查[5]，其中部分学生的问卷调查结果显示超量上网对身体健康造成了负面影响，包括手臂或手腕疼痛、背痛和视力障碍等。2009 年，王辉使用问卷调查、数理统计、访谈等方法评估了 309 名大学生的网络使用情况和身心健康状况，其中过度使用网络组的身体和习惯状况指标总情况差于正常使用网络组[6]。2013 年，Kevin J. Kelley 等人通过互联网使用问卷和 SF-36v2 健康调查探究了网络使用时长与身体健康之间的关系，发现网络滥用会损害身体健康[7]。

一些研究人员在采用问卷调查法之余，在问卷数据分析中还会使用统计数据分析方法，以获得更客观、更有说服力的证据来验证网络滥用对人们的身体健康有害。2014 年，Jun Hyung Moon 等人将 28 名干眼症患儿和另外 260 名正常儿童的日常行为进行对照，发现干眼症患儿的智能手机使用频率和持续时间均高于对照组[8]。2016 年，郑钰梅等人通过问卷调查收集了 513 名志愿者的网络使用频率和身体状况等数据[9]，结果表明长时间使用网络的志愿者更容易出现眼睛干涩、视力下降和颈椎疼痛等问题。2020 年 9 月，通过对 Scopus、科学网和谷歌学术的数据进行统计分析，Mohadeseh Aghasi 等人得出上网时间与肥胖概率呈正相关的结论[10]。

简而言之，对赛博使能生理疾病的研究起源于 20 世纪 90 年代，并逐渐成为 21 世纪的研究热点。未来，会有越来越多的人关注赛博使能生理疾病。

3.1.2 对赛博使能心理疾病的研究

网络对人们心理健康影响的相关研究开始于 20 世纪 90 年代。早在 1995 年，Christina Gregory 等人就提出了网络成瘾（简称网瘾）的概念，即由于长期在赛博空间中活动，人们出现了不愿意参加社交活动、频繁梦见与网络有关的事情等症状[11]。Jonathan J. Kandell 等人则在 1998 年将网络成瘾定义为"一种对互联网的心理依赖"[12]。2005 年，Keith W. Beard 指出，当一个人的心理状态（包括社交状态和情绪状态）因频繁上网而受到损害时，就说明产生了网络成瘾症状[13]。综上所述，有些人认为由网络直接导致的心理疾病属于赛博使能心理疾病，另一些人则认为由网络导致的心理并发症也属于赛博使能心理疾病。为明确起见，本章将赛博空间损害人们心理状态的所有情况统称为赛博使能心理疾病。

赛博使能心理疾病分为两类：赛博使能社交疾病和赛博使能精神疾病。赛博使能社交疾病会导致人们沉迷于赛博空间中的虚拟社交环境（如脸书、微信、Instagram 等），严重影响人们在现实生活中与他人面对面交流的能力。赛博使能精神疾病则会导致患者的精神障碍，常见症状表现为易怒、人格障碍、注意力不集中，以及由强烈的网络使用欲引起的睡眠障碍等。通常赛博使能社交疾病和赛博使能精神疾病是密切相关的，二者没有明确的界限。因此，在本章中，它们都被视为赛博使能心理疾病。下面对赛博使能心理疾病的研究情况进行介绍。

在 20 世纪 90 年代至 21 世纪初，一些研究人员就已经证明了心理健康与网络使用在一定程度上是相关的。例如，2005 年，朱海燕等人设计了网络相关社会心理健康问卷（Internet-related Social-psychological Health Scale，ISHS-CS），并用它研究了网络对大学生心理健康的影响[14]，该研究表明网络使用频率与心理健康之间确实存在着一定的联系。1997 年，Kimberly S. Young 等人对病态的网络使用与心理健康的关系进行了定性分析，分析发现过度使用网络确实会对心理健康造成损害[15]。

在 20 世纪末和 21 世纪初，研究人员利用数据统计对网络使用和心理健康之间的关系进行了更深入的研究。1998 年，Kimberly S. Young 等人用贝克抑郁量表采集了一些人的抑郁自评数据，通过分析自评数据的方差和均值，发现抑郁和过度使用网络之间存在明显的相关性[16]。2001 年，Eric J. Moody 等人邀请志愿者完成社会和情感孤独（Social and Emotional Loneliness，SELS）量表。结果表明，上网频率高的人更容易感到孤独[17]。

21 世纪初，研究人员开始研究其他因素（如年龄、性别、教育背景等）在网络使用与心理健康关系中的作用。2007 年，Cristina Jenaro 等人使用问卷（网络过度使用量表、手机过度使用量表、贝克抑郁量表和一般健康问卷）分析了性别对网络使用与心理健康关系的影响[18]，结果表明，女性比男性更容易因过度使用网络导致焦虑和失眠等心理疾病。2011 年，王小辉使用手机依赖量表对福州的 664 名中学生进行调研的结果表明，家庭培养方式为放任型和溺爱型的中学生手机依赖程度明显高于民主型和专制型中学生[19]。2018 年，Konstantinos Ioannidis 等人利用套索回归方法研究了年龄在网络使用和心理健康关系中的调节作用，发现社交恐惧症和注意缺陷多动障碍在年轻用户中更常见，而焦虑和强迫症在老年用户中更常见[20]。2020 年，白晓丽、姜永志等人使用社会适应量表、压力知觉量表、社交网络沉浸体验问卷和问题性社交媒体使用评估问卷对 2074 名学生进行调查[21]，结果显示，社会适应与压力知觉、社交网络沉浸体验、网络过度使用之间均存在显著负相关性；压力知觉、社交网络沉浸体验与社交网络过度使用两两之间呈显著正相关性。

综上，赛博使能心理疾病是由长期沉溺网络引起的。起初，人们发现网络使用与心理健康之间可能存在一定的关系，之后使用统计学方法对它们之间的关系进行了明确的研究。进入21世纪，更多的研究聚焦于其他因素在网络使用和心理健康关系中的作用。

3.2　赛博综合征的缓解和治疗

随着物理空间、社会空间、思维空间和赛博空间的不断融合，赛博综合征在各个空间的影响愈发明显。面对赛博空间发展给人类带来的生理和心理健康问题，人们在积极寻求相应的解决方案。本节主要从物理空间、社会空间、思维空间和赛博空间的角度出发，对赛博综合征的缓解和治疗方法进行讨论。

物理空间是人的基本生活空间[22]，通过物理方法对赛博综合征进行缓解和治疗具有积极作用。缓解和治疗赛博综合征的主要物理方法有以下几种。

（1）提高身体素质。多吃蔬菜和水果，加强体育锻炼。

（2）保持正确的使用姿势。使用计算机或手机时摆放位置要合理，持握时保持正确的姿态。

（3）减少上网时间。制定计划，限制上网次数，减少上网时间。

从社会空间角度来看，合理地参与有意义的社交活动对人们的身心健康有益[23]。同样，参与社交活动也是缓解和治疗赛博综合征的主要方法之一。一些缓解和治疗赛博综合征的社会方法如下。

（1）积极参加集体活动。多与人交流，广泛交友。

（2）培养爱好。例如，户外运动、看书、听音乐等。

（3）参加感兴趣和有意义的组织。例如，志愿者组织和登山组织等。

赛博综合征也会对人们的思维空间产生负面影响。面对这种情况，需要正确引导患者形成积极的心态。在这方面，有一些心理学方法可供参考。

（1）平等地与患者沟通，了解他们内心的真实想法，并给予他们心理上的关怀和安慰。

（2）采取措施转移注意力，积极引导患者的好奇心，帮助患者建立积极的生活价值观。

（3）患者的家人和朋友应该更加关心患者，为患者创造一个温暖的生活环境。

随着互联网的发展，信息技术在赛博综合征的缓解和治疗中也发挥着重要作用。一些在赛博空间中用于缓解和治疗赛博综合征的方法如下。

（1）机器学习、自然语言处理和知识图谱等技术，可以帮助人们诊断疾病。很多公司都开发了相应的查询产品（如百度拇指医生，Sonde Health Vocometer 等）。

（2）使用传感器监测人们的身体状况。上网时一旦身体状态出现异常，设备会提醒用户休息以调整状态。例如，聂溧等人通过分析人的颈部肌电图来实时监测手机用户的疲劳状况[24]。此外，很多公司都推出了带有健康监测功能的产品，如苹果手表、华为手表、红米手表等。

（3）监控在线行为。常见的网络流量监控技术包括基于流量的协议分析技术、基于 SNMP 的监控技术、基于 NetFlow 的监控技术[25]。它们可以实现对上网行为的实时监控，如监控上网时间、上网浏览的内容和信息，帮助人们养成良好的上网习惯。

3.3 典型案例：网络成瘾

网络成瘾作为典型的赛博综合征，不仅会对人们的身体和心理产生不良影响，还会带来其他身体和心理并发症。网络成瘾是不同于正常网络使用的一种病态的网络使用状态。为了区分网络成瘾和正常上网行为，许多国家和地区都推出了网络成瘾诊断标准，例如我国在 2008 年发布的《网络成瘾临床诊断标准》。该标准中，平均每日连续使用网络时间达到或超过 6 小时，且符合症状标准已达到或超过 3 个月，则视为网络成瘾。

　　美国心理学家 Kimberly S. Young 在 1996 年设计并发布了第一套网络成瘾量表。该量表采用计分法，分数越高表明对网络的依赖性越严重，超过 80 分则表明具有明显的网络成瘾症状。之后，美国心理学会（American Psychological Association，APA）也发布了网络成瘾诊断标准，包括每月上网时间超过 144 小时、总是会想到与网络相关的东西、上网的欲望无法抑制等 9 条标准，满足 5 条以上则视为网络成瘾。1999 年，台湾大学的陈淑惠教授编制了《中文网络成瘾量表》（Chen Internet Addiction Scale，CIAS）。这份量表包括 26 个题项，各题得分相加，总分越高表明网络成瘾的倾向性越明显。2005 年，白羽、樊富珉结合实际环境，对陈淑惠教授的《中文网络成瘾量表》进行了修订，发布了《中文网络成瘾量表（修订版）》（CIAS-R）。该量表的测试结果按照各题分值之和进行划分，得分在 46 ~ 53 分之间视为网络依赖群体，大于 53 分则视为网络成瘾群体。

　　网络成瘾的治疗方法有很多，常用的方法主要包括心理治疗和药物治疗。心理治疗是指通过心理干预改变患者对网络的态度来摆脱网瘾。常见的心理疗法有认知行为疗法、家庭疗法、系统脱敏疗法等，如表 3.2 所示。药物治疗是指使用药物进行干预和治疗，但药物疗法对网络成瘾的效果仍有待验证。还有一些有争议的治疗方法，如体罚、电痉挛疗法等，不仅对患者的生理和心理造成较大的伤害，且对网络成瘾治疗的作用非常有限，一般不建议采用。

表 3.2　部分网络成瘾心理疗法

时间	疗法	描述
20 世纪 60 年代	认知行为疗法[26]	通过与患者沟通，重构患者对网络的认知，纠正患者过度上网的行为
1984 年	家庭疗法[27]	患者的家庭成员，尤其是父母，给予患者更多的关爱，为患者创造一个舒适、温暖的环境，帮助患者戒除网瘾
1976 年	系统脱敏疗法[28]	诱导患者暴露网瘾发作时的状态，利用心理放松方法与这种情况做斗争
1982 年	增强疗法[29]	根据患者当天的表现给予奖励或惩罚，以降低上网的欲望

　　为了更系统地治疗网络成瘾，许多国家和地区都成立了相应的网络成瘾康复机构。例如，2009 年，美国成立了第一个网络成瘾康复中心，名为美国天堂之域康复中心（Heavensfield Retreat Center）。该中心发起的 Restart 项目通过改变

患者的生活习惯有效地控制了患者的网络成瘾行为。此外，英国国家卫生服务中心还专门为 13 ～ 25 岁的年轻患者开设了互联网与游戏失调中心（Centre for Internet and Gaming Disorder）。韩国建立了 140 多家心理咨询机构，通过军事化训练和心理康复训练帮助患者戒除网瘾。

在我国，个人和官方也建立了许多治疗中心，其中比较知名的是陶然网络成瘾治疗中心。陶然作为国内第一位在网络成瘾方面提出新概念的专家，在网络成瘾的诊断方面制定了诊断标准和分型，将网络成瘾作为成瘾医学的一种，开创了新的治疗理念，并创建了陶然网络成瘾治疗中心。该治疗中心采用身心一体化的治疗手段，心理治疗和临床治疗相结合，制定了"心理、医学、教育、父母培训、生活体验"五位一体的康复模式，取得了良好的效果。

尽管网络成瘾治疗方法在不断完善，但仍有机构通过一些极端的治疗方法对患者造成身心伤害。因此，针对网络成瘾的治疗，相关部门应制定法律法规，以加强机构的规范化建设和管理。

3.4 展望与讨论

如今，人类在赛博空间中的活动频率极高，且呈现出快速增长的趋势，这将会提高赛博综合征的发病率。为应对赛博综合征，大量学者对其诊断和治疗进行了广泛的研究，国内外也开设了相应的治疗机构。然而，现有的治疗方法仍然存在一定的局限性，有的还给患者的身心健康造成了伤害。要解决这个问题，个人应该严格要求自己，社会应该营造正确的舆论和道德导向，政府应制定相关的法律法规进行规范和约束。

未来，赛博综合征及其治疗将继续成为研究热点，并需要考虑以下问题。

（1）隐私保护。在治疗过程中，为了掌握患者的身体状况和互联网的使用情况，需要采取适当的方法对患者进行监测。在这个过程中，如何有效保护患者隐私是一个重要问题。

（2）法律法规建设。有些机构会采取极端的治疗方法，需要健全法律法规来约束治疗行为和治疗机构。

参考文献

[1] Ning H，Dhelim S，Bouras M A，et al. Cyber-syndrome and its formation，classification，recovery and prevention[J]. IEEE Access，2018，6: 35501-35511.

[2] Haughie L J，Fiebert I M，Roach K E. Relationship of forward head posture and cervical backward bending to neck pain[J]. Journal of Manual & Manipulative Therapy，1995，3（3）: 91-97.

[3] Siivola S M，Levoska S，Latvala K，et al. Predictive factors for neck and shoulder pain: A longitudinal study in young adults[J]. Spine，2004，29（15）: 1662-1669.

[4] Suhail K，Bargees Z，Effects of excessive Internet use on undergraduate students in Pakistan[J]. CyberPsychology & Behavior，2006，9（3）: 297-307.

[5] Coniglio M A，Muni V，Giammanco G，et al. Excessive Internet use and Internet addiction: Emerging public health issues[J]. Igiene e Sanita Pubblica，2007，63（2）: 127-136.

[6] 王辉. 过度使用网络和网络成瘾对大学生网络身心健康的影响现状分析及对策探讨 [D]. 苏州: 苏州大学，2009.

[7] Kelley K J，Gruber E M. Problematic Internet use and physical health[J]. Journal of Behavioral Addictions，2013，2（2）: 108-112.

[8] Moon J H，Lee M Y，Moon N J. Association between video display terminal use and dry eye disease in school children[J]. Journal of Pediatric Ophthalmology and Strabismus，2014，51（2）: 87-92.

[9] Zheng Y，Wei D，Li J，et al. Internet use and its impact on individual physical health[J]. IEEE Access，2016，4: 5135-5142.

[10] Aghasi M，Matinfar A，Golzarand M，et al. Internet Use in Relation to Overweight and Obesity: A Systematic Review and Meta-Analysis of Cross-Sectional Studies[J].

Advances in Nutrition，2020，11（2）：349-356.

[11] Gregory C. Internet addictive disorder（IAD）diagnostic criteria[EB/OL].
[2022-6-11].

[12] Kandell J J. Internet addiction on campus: The vulnerability of college students[J].
Cyberpsychology & behavior，1998，1（1）：11-17.

[13] Beard K W. Internet addiction: A review of current assessment techniques and
potential assessment questions[J]. Cyberpsychol Behav，2005，8（1）：7-14.

[14] 朱海燕，张锋，深模卫，等. 大学生互联网相关社会 - 心理健康概念的构建 [J].
中国临床心理学杂志，2005，1: 4-8.

[15] Young K S. What makes the Internet addictive: Potential explanations for
pathological Internet use[C]. Proceedings of the 105th Annual Conference of
the American Psychological Association. Chicago: American Psychological
Association，1997，15: 12-30.

[16] Young K S，Rogers R C. The relationship between depression and Internet
addiction[J]. Cyberpsychology & Behavior，1998，1（1）：25-28.

[17] Moody E J. Internet use and its relationship to loneliness[J]. CyberPsychology &
Behavior，2001，4（3）：393-401.

[18] Jenaro C，Flores N，Gómez-V M，et al. Problematic internet and cell-phone
use: Psychological，behavioral，and health correlates[J]. Addiction Research &
Theory，2007，15（3）：309-320.

[19] 王小辉. 中学生手机依赖现状及与社会支持、社会适应性的关系研究 [D]. 福州：福
建师范大学，2011.

[20] Ioannidis K，Treder M S，Chamberlain S R，et al. Problematic internet use as an
age-related multifaceted problem: Evidence from a two-site survey[J]. Addictive
Behaviors，2018，81: 157-166.

[21] 白晓丽，姜永志. 社会适应能力与青少年社交网络使用的关系：压力知觉与社
交网络沉浸的链式中介作用 [J]. 心理研究，2020，13（3）：255-261.

[22] 宁焕生，朱涛. 广义网络空间 [M]. 北京：电子工业出版社，2017.

[23] Li Y，Xu L，Chi I，et al. Participation in productive activities and health outcomes among older adults in urban China[J]. The Gerontologist，2014，54（5）：784-796.

[24] Nie L，Ye X，Yang S，et al. sEMG-based fatigue detection for mobile phone users[C]//Ning H. Proceedings of the International 2019 Cyberspace Congress，CyberDI and CyberLife. Berlin: Springer，2019: 528-541.

[25] 琚根贵，李艳艳. 网络流量监控技术及其应用研究综述 [J]. 情报探索，2011，7：86-88.

[26] Rothbaum B O，Meadows E A，Resick P，et al. Cognitive-behavioral therapy[M]. Carolina: Guilford Press，2000.

[27] Nichols M P，Schwartz R C. Family therapy: concepts and methods[M]. New York: Gardner Press，1984.

[28] Kazdin A E，Wilcoxon L A. Systematic desensitization and nonspecific treatment effects: A methodological evaluation[J]. Psychological Bulletin，1976，83（5）：729.

[29] Skinner B F．Contrived reinforcement[J]. The Behavior Analyst，1982，5（1）：3.

第 4 章

赛博格：人类与电子机械的融合系统

　　说起赛博格（Cyborg），《黑客帝国》等科幻电影经常会映入人们脑海。在这些电影中，人们对赛博格有着天马行空的想象：用电子机械系统来代替人类身体的某一部分，突破人体的极限，赋予角色超能力；与此同时，肉身功能的强化会使人类摆脱一些自然力的束缚，容易造成自我迷失。如今，赛博格已不只是科幻电影或小说中才会出现的词汇，它可能比人们想象的更接近生活。本章简要介绍赛博格的起源与发展，并讨论关于赛博格的热点问题，例如，赛博格给传统伦理道德带来的冲击，赛博格应用是否适合人类，我们应以何种心态迎接赛博格的到来。

本章重点

- ◆ 赛博格的起源与概念
- ◆ 赛博格的发展历程
- ◆ 赛博格的应用历程

4.1　赛博格的起源

　　1954 年，George Devor 制造出了世界上第一台可编程的机器人，是一种由数字程序控制的机械手臂，能按照不同的程序进行不同的工作，具有灵活性和通用性。自此以后，人们开始使用机械自动化技术研制机器人，并取得了巨大进步。例如，工业机器人投入到工业劳动之中，大幅解放了生产力。20 世纪 60 年代，人类开始对人形机器人（Humanoid Robot）进行研究，希望制造出在外形、行为和思想等方面都与人相似的电子机械系统，实现对人类能力的扩展。

　　20 世纪 70 年代，人们给人形机器人添加了视觉、听觉等功能。20 世纪 90 年代，人形机器人研究侧重于对人脑的剖析，以期模仿人类的行为和思想，但即使在脑科学已经相当发达的今天，复原人的大脑和神经系统也是几乎不可能完成的任务。2000 年人形机器人阿西莫（Advanced Step Innovative Mobility，ASIMO）由日本本田技研工业株式会社研制成功，是当时比较先进的仿人行走机器人。2006 年研制成功的新版 ASIMO 除了具备各种人类肢体动作及行走功能之外，还可以利用人工智能技术预先设定动作，根据人类的声音、手势等指令完成相应的动作。此外，ASIMO 还具备了基本的记忆与辨识能力。2018 年，由于 ASIMO 的成本高昂、实用性极低，本田技研工业株式会社放弃对其继续迭代。

在研究人形机器人期间，研究人员发现人类大脑的智能程度远高于人工智能。20 世纪 60 年代，部分科学家开始转向另一种创造"机器人"的现实可能路径，即以人的神经系统为基础，进行人与机器的嵌合，而这种观念的产物，就是"赛博格"。如果说机器人的研发是试图为机器配上像人一样的神经系统，那么赛博格便是试图为人的神经系统加上机器配件。赛博格诞生后，其思想与实践不断冲击固有的"人"的定义，也促进了文化和技术的多元化发展。

4.2 赛博格的发展历程

英文 Cyborg 是"Cybernetic Organism"的结合，其中，Cybernetic 指控制论，Organism 指"生物体、有机体"，由这两个单词混合而成的赛博格就是指高科技电子机械与有机体混合的生物。由此可见，控制论为赛博格提供了重要的理论基础，之后，科学家通过跨学科研究实现高科技机械与人类身体相融合的未来图景。本节将从控制论与有机体结合的角度以及人机混合的角度阐述赛博格的发展历程。

4.2.1 赛博格：控制论与有机体结合

1948 年，《控制论：或关于在动物和机器中控制和通信的科学》（*Cybernetics: or Control and Communication in the Animal and the Machine*）一书出版，首次将生物与新兴的计算机领域相结合。在书中，诺伯特·维纳（Norbert Wiener）提出了一种崭新的跨领域、跨学科的系统方法，旨在实现有机体与机器组件各层面之间的信息流交互，这标志着生物与机器之间信息传递的交叉学科正式诞生[1]。20 世纪 60 年代，美国国家航空航天局（National Aeronautics and Space Administration，NASA）的两位科学家 Manfred Clynes 和 Nathan Kline 在研究宇航员太空生存问题的过程中提出了赛博格的概念。他们认为人体可以像机器一样根据控制和反馈原理运作。因此，人体可以与机器结合，实现具有自我调节能力的人机混合系统[2]。

在诞生之后的 25 年里，赛博格的概念并未引起学术界的关注，大多出现在科幻作品中，满足人们的好奇心和探索欲望。1985 年，Donna Haraway 在论文《赛博格宣言：20 世纪 80 年代的科学、技术以及社会主义女性主义》（*A Manifesto for Cyborgs：Science，Technology，and Socialist Feminism in the 1980s*）中从哲学的角度提出了赛博格的概念，在国际人文社科领域引起了强烈反响。她认为赛博格是一种控制论有机体，一种机器和生命体的混合体，一种社会现实的产物，同时也是一种虚构的产物[3]。

1988 年，Kenneth Flamm 在《创造计算机：政府、工业和高科技》（*Creating the Computer：Government，Industry，and High Technology*）中率先将经济与赛博格联系在一起，确定了对计算机创造至关重要的技术起源，将计算机技术和国家政策联系起来，并展示了经济与赛博格如何影响计算机领域的发展趋势。1992 年，赛博格人类学（Cyborg Anthropology）在美国人类学协会年会上首次被提出，它将学术理论与流行理论放在一起，使人类文化学家对赛博格更为关注[4]。

1995 年，Andy Pickering 将赛博格应用于计算机开发和工业组织中。他认为赛博格对象和赛博格科学的起源归功于第二次世界大战以不同的方式稳定和扩大了人类活动的范围[5]。他将赛博格的发展归为三个层次：第二次世界大战中科学和军事的全面交融、第二次世界大战中电子器件和电子学的诞生及随后的演变，以及工业的赛博格化。1996 年，Paul Edwards 首次将赛博格引入军事领域。同年，Katherine Hayles 首次将热力学与赛博格结合在一起。1998 年，Ian Hacking 将赛博格与 Georges Canguilhem、Michel Foucault 的哲学联系起来，即将赛博格与科学、社会联系起来[6]。Georges Canguilhem 认为所有的工具和机器都是身体的延伸[7]，是生命本身的一部分；Michel Foucault 热衷于研究赛博格（社区）中知识与社会权力的关系[8]。

4.2.2　赛博格科学与技术：人机混合

1995 年，赛博格在生物技术领域显露出人机混合的端倪。Chris H. Gray 认为，安装了心脏起搏器的老年人、装配了肌电手臂的残障人士、通过注射疫苗的方式编辑了自身免疫系统的人，其实都已经是技术意义上的赛博格[9]。1996 年的坎吉勒姆会议（Canguilhem Meeting）中，一位生物工程师汇报了一个在盲人后脑壳上连接芯片使其有了基本视觉的工作。该会议指出，未来 30 年内，人脑连接计算机可能会成为一种普遍现象。它们将为人们提供意想不到的通信形式和计算机支持的记忆[10]。1997 年，Frank Biocca 提出了赛博格困境（Cyborg's Dilemma），他认为对短距离通信物理存在的追求推动了身体和计算机接口之间的紧密耦合[11]。

2000 年，Chris Hables Gray 在《赛博格公民：后人类时代的政治》（*Cyborg Citizen：Politics in the Posthuman Age*）中对"赛博格"进行了定义："一种将自然和人工物混合在同一系统中的自我调节的有机体，任何将自然进化而来的与人造的、有生命的与无生命的混合在一起的有机物或系统在技术上都是赛博格。"[12] 2001 年，Andy Clark 在《天生的赛博格人？》（*Natural-born Cyborgs*？）一文中指出，人类能自如地运用工具作为身体的延伸。因为人脑的可塑性，新的工具会被我们的身体不断吸收、适应，成为身体的一部分[13]。2002 年，《机器梦想：经济学变成一门赛博格科学》（*Machine Dreams：Economics Becomes a Cyborg Science*）一书中提及了与计算机技术相伴发展、体现人与机器新奇互动的"赛博格技术"[14]。

随着人类将技术、生理、外部环境整合到一起，人类之间以及人类与社会之间的关系也会从本质上发生变化。2003 年，赛博格城市化（Cyborg Urbanization）的提出暴露了技术和政治之间的矛盾[15]。2006 年，Swyngedouw 把现代城市的发展视为一个社会和自然融合的过程，该过程产生了一种独特的赛博格城市化现象，为创造理想中的城市居住环境提供了理论和实践结合的可能性[16]。例如，在赛博格城市化中，推特是一种新兴的 Web 端半自动化应用，使人类与机器之间衍生出赛博格[17]。在推特平台上，合法的赛博格或者机器人会生成大量善意的推文，而恶意的机器人或赛博格会传播垃圾信息或恶意内容。由此得出，赛博格技术的发展已经达到了新的阶段，开始明确地干预人类的意向，赛博格的意向性已经扩展到人类与机器混合的技术领域[18]。

如今，随着电子信息技术的发展，赛博格在基础理论和技术应用上都取得了突破性的进展。根据其发展特点以及与人类的混合程度[19-20]，赛博格的发展大致分为三个阶段，如表 4.1 所示。

表 4.1　赛博格的发展阶段

阶段	融合程度	特征	接口位置	应用
第一阶段	电子机械设备与有机体没有构成一个整体	有机体本身并没有被入侵或植入其他物体	有机体外	谷歌眼镜、假肢
第二阶段	电子机械设备和有机体形成了一个系统，但没有改变有机体的思想	突破有机体的皮肤屏障，实现机体组织、器官、系统的功能	有机体内	机械心脏人工肺人工视网膜视神经芯片
第三阶段	电子机械设备是有机体大脑和神经系统之间的连接，它可以改变认知、感觉和情绪	影响和改变人们的思想认知，给人们带来新的认识、感受和情绪	有机体内	脑机接口

4.3　赛博格的应用历程

科技的发展使得一些赛博格设想成为现实，本节列出了几种典型的赛博格应用。

人工耳蜗是早期的赛博格应用，它将声音转化为电刺激，利用植入体内的电极刺激耳聋患者的听觉神经，使其"听到"声音。1957 年，法国的 Djourno 和 Eyries 首次将电极植入完全耳聋患者的耳蜗，使患者能够感知周围的声音[21]。

外骨骼是一种可穿戴的机械装置，它可以与人体神经末梢相结合，辅助人体四肢运动，如同钢铁侠的战甲一般，为人体提供力量。日本 Cyberdyne 公司于 2004 年研发出的混合辅助假肢（Hybrid Assistive Limb，HAL）是世界首个实用化的外骨骼装置，据称可以将人体力量在肌肉力量的基础上增强 10 倍以上。

2013 年，科学家设计了模拟人体血液循环的流体系统来驱动电子设备，给未来的植入式电子医疗设备带来了希望[22]。2015 年，科学家提出了三维打印假手和一种可远程安装假肢的方法，用于儿童的上肢复位，降低了治疗创伤性和先天性手截肢或复位的成本[23]。2016 年，Remora 诞生，它是一个设计交互式皮下装置的系统，它的出现意味着人机混合第一次真正意义上的实现[24]。2019 年，一些研究人员制作出了赛博格器官，他们开发出柔软、可伸缩的网络化纳米电子设备[25]，应用于器官形成过程。Elon Musk 在 2019 年 7 月发布了由 NeuraLink 研发的一种不依赖正常外围神经和肌肉组织的新型侵入式脑机接口系统，并发表了文章《具有数千个通道的集成脑机接口平台》（*An Integrated Brain-machine Interface Platform with Thousands of Channels*），详尽地介绍了该脑机接口系统的工作原理和实施细节[26]。

4.4　赛博格相关法律

赛博格借助移植、修补之类的技术，将生物体与非有机体结合，突破了人类原本适应环境的能力，这给传统的法律、道德和伦理带来了一系列的冲击。根据目前科学技术的发展趋势，未来的民事主体很有可能不再只是自然人。传统法律理论中的界定被类似于赛博格的个体打破，那么怎样才能维护人类生存的秩序呢？ 2019 年，德国总理默克尔接受记者采访时被问及机器人是否应该拥有权利，她反问赛博格权利是指使用电力的权利还是定期维护的权利。如果赛博格拥有权利和独立的人格，它们是否能够因维护不善而起诉主人，或要求紧急使用电力供应？ 由此，是否需要赋予赛博格像人一样的权利？但权利只有在被主张时才有意义[27]，这在美国和日本的学术研究和讨论中已经得以体现。

1.　美国的研究示例

2011 年，哥伦比亚大学法学教授 Tim Wu 在布鲁金斯学会（Brookings Institution）发表演讲，他认为目前人们已经达到了理解赛博格法则的阶段，也就是扩增人类法则。人类有权利对自己的身体保留一定程度的统治权。与此同时，机器仍然是主人的奴隶。法律可以直接或间接地保护人们使用某些机器的权利，但是法律并不承认赛博格，即不承认一种将机器功能添加到人体和意识中的混合体。

2. 日本的研究示例

日本在机器人应用和技术方面的研究处于世界领先地位，在人形机器人方向做了大量的研究工作，而赛博格法律却很少。我们可以参考日本在机器人方面的法律研究。2015 年，庆应义塾大学（Keio University）的 Shinpo Fumio 教授提出了机器人法的十项原则，其中引用了 OECD 的隐私原则：

（1）机器人必须服务于人类；

（2）机器人不得伤害人类；

（3）机器人必须称其人类制造者为"父亲"；

（4）机器人可以制造货币之外的任何物品；

（5）机器人不经允许不能出国；

（6）机器人不能改变它们的性别；

（7）机器人不能改变它们的面貌；

（8）成年机器人不会变成儿童机器人；

（9）被人类拆卸的机器人不能重新组装；

（10）机器人不能破坏人类的家或者工具。

综上可知，当前社会对赛博格相关法律的制定还未起步，还需要做更多的努力。赛博格作为一类特殊的主体，若制定法律必须要考虑以下三点：

（1）确保人类拥有主体意识；

（2）确保人类、赛博格和机器的隐私机密性；

（3）对赛博格的管理和法律法规的实施要将责任落实到个人或组织机构。

4.5　探讨：赛博格能让我们变得更好吗

1988 年，Hans Moravec 在其著作《心灵后裔：机器人与人类智能的未来》（*Mind Children：The Future of Robot and Human Intelligence*）中提出，借助先进的人工智能算法和计算机技术，人类很有可能将自己的意识扫描并上传到计算机，或转移到其他智能终端上，从而实现真正意义上的人机混合[28]。未来，赛博格的发展将变得更为迅速。例如，在赛博格之间建立神经信号连接，实现脑 - 脑感应或心理感应，不再仅出现在科幻电影中[29]。这种人机混合机制被康涅狄格大学（University of Connecticut）哲学和认知科学教授 Susan Schneider 命名为"人类心智的自杀"（The Suicide of the Human Mind）。她认为这种机制未来不仅会面临技术的挑战，也将引发哲学领域的思考。如果人类以激进的方式改变自己的记忆或性格，人机混合增强是非常危险的[30]。

2008 年，Dinesh Sharma 发表文章《理解人类技术：后基因组世界中的人类发展》（Understanding Human Technologies：Human Development in the Post-genomic World）将赛博格与宗教联系在一起，界定了赛博格最基本的价值观[31]，认为一种强大到可以重塑当前社会的赛博格技术将有可能对当前的社会制度和国际政策造成毁灭性的打击。若赛博格的本性能够颠覆原有的人性，那么人类必须研制出可以制造生命的颠覆性技术。另外，赛博格市场将是一个新行业、新领域，对工业和社会有重要的影响，其中，伦理成为赛博格营销决策的基石，道德也将是买家决策的一个重要因素[32]。

赛博格科技的发展给伦理、道德和社会政治制度带来了极大的考验。不同学者有着不同的见解。Donna Haraway 在《赛博格宣言：20 世纪末的科学、技术以及社会主义女性主义》（A Cyborg Manifesto：Science，Technology，and Socialist-Feminism in the Late 20th Century）中指出，赛博格技术能够让所有人都变成机器与生物体嵌合而成的混合主体，从而将原本对立的人群放置在同一身份认同之中，阶级不平等将会转化。然而，更多人对此持保留意见。霍金认为，有能力的人会使用基因编辑技术对自身的 DNA 进行修改，变成身体更强、智商更高的"超人"，这将使人类面临更为深刻的分化。

设想一下，如果利用赛博格技术将身体的某些部位替换成机械，只保留大脑中的神经元，那"我们"还是我们吗？或许在超人能力的诱惑之下，对人类的身体本身保持敬畏，并且坚持技术不滥用的原则，才是应用赛博格较为恰当的方式。

参考文献

[1] Mirowski P. Machine dreams: Economics becomes a cyborg science[M]. Cambridge: Cambridge University Press，2002.

[2] Galison P. The ontology of the enemy: Norbert Wiener and the cybernetic vision[J]. Critical Inquiry，1994，21（1）: 228-266.

[3] Haraway D. Cultural theory: An anthology[M]. New Jersey: Wiley-Blackwell，2010.

[4] Downey G L，Dumit J，Williams S. Cyborg anthropology[J]. Cultural Anthropology，1995，10（2）: 264-269.

[5] Pickering A. Cyborg history and the World War II regime[J]. Perspectives on Science，1995，3（1）: 1-48.

[6] Hacking I. Canguilhem amid the cyborgs[J]. Economy and Society，1998，27（2）: 202-216.

[7] Lecourt D. Georges Canguilhem[M]. Paris: Presses Universitaires de France，2008.

[8] Foucault M. Power: The essential works of Michel Foucault 1954-1984[M]. UK: Penguin，2019.

[9] Gray C H，Mentor S，Figueroa-Sarriera H J. Cyborgology: Constructing the knowledge of cybernetic organisms[M]. New York: Routledge，1995.

[10] Nuttall N，Hawkes N. Computer implant gives sight to the blind[J]. The Times，1996，14（8）: 1-1.

[11] Biocca F. The cyborg's dilemma: Progressive embodiment in virtual environments[J]. Journal of Computer-Mediated Communication，1997，3（2）: 324-353.

[12] Gray C H. Cyborg citizen: Politics in the posthuman age[M]. New York: Routledge，2000.

[13] Clark A. Natural-born cyborgs? [C]// Beynon M，Nehaniv C L，Dautenhahn K. Proceedings of the International Conference on Cognitive Technology. Berlin:

Springer，2001: 17-24.

[14] Mirowski P. Machine dreams: Economics becomes a cyborg science[M]. UK: Cambridge University Press，2002.

[15] Gandy M. Cyborg urbanization: Complexity and monstrosity in the contemporary city[J]. International Journal of Urban and Regional Research，2005，29（1）: 26-49.

[16] Swyngedouw E. Circulations and metabolisms:（hybrid）natures and（cyborg）cities[J]. Science as Culture，2006，15（2）: 105-121.

[17] Chu Z，Gianvecchio S，Wang H，et al. Who is tweeting on Twitter: Human，bot，or cyborg?[C]//Carrie G. Proceedings of the 26th Annual Computer Security Applications Conference. Olney: Applied Computer Security Associates，2010: 21-30.

[18] Verbeek P P. Cyborg intentionality: Rethinking the phenomenology of human–technology relations[J]. Phenomenology and the Cognitive Sciences，2008，7（3）: 387-395.

[19] Tegmark M. Life 3.0: Being human in the age of artificial intelligence[M]. UK: Vintage，2018.

[20] 李恒威，王昊晟. 赛博格与（后）人类主义——从混合 1.0 到混合 3.0[J]. 社会科学战线，2020，1: 21-29.

[21] Djourno E M D. Eyries，and the first implanted electrical neural stimulator to restore hearing[J]. Otology & Neurotology，2003，24（3）: 500-506.

[22] MacVittie K，Halámek J，Halámková L，et al. From "Cyborg" lobsters to a pacemaker powered by implantable biofuel cells[J]. Energy & Environmental Science，2013，6（1）: 81-86.

[23] Zuniga J，Katsavelis D，Peck J，et al. Cyborg beast: A low-cost 3d-printed prosthetic hand for children with upper-limb differences[J]. BMC research notes，2015，8（1）: 1-9.

[24] Strohmeier P，Honnet C，Cyborg S V. Developing an ecosystem for interactive electronic implants[C]// Lepora N，Mura A，Mangan M，et al. Proceedings of the

Conference on Biomimetic and Biohybrid Systems. Berlin: Springer，2016: 518-525.

[25] Li Q，Nan K，Floch P L，et al. Cyborg organoids: Implantation of nanoelectronics via organogenesis for tissue-wide electrophysiology[J]. Nano Letters, 2019, 19（8）: 5781-5789.

[26] Wittes B，Chong J. Our Cyborg future: Law and policy implications [EB/OL]．[2022-6-7].

[27] Musk E. An integrated brain-machine interface platform with thousands of channels[J]. Journal of Medical Internet Research，2019，21（10）: 16194.

[28] Moravec H. Mind children: The future of robot and human intelligence[M]. US: Harvard University Press，1988.

[29] Schneider S. Future minds: Transhumanism，cognitive enhancement and the nature of persons[J]. Neuroethics Publications，2008，37: 1-16.

[30] Babelon I，Ståhle A，Balfors B. Toward cyborg PPGIS: Exploring socio-technical requirements for the use of web-based PPGIS in two municipal planning cases，Stockholm region，Sweden[J]. Journal of Environmental Planning and Management，2017，60（8）: 1366-1390.

[31] Sharma D. Understanding human technologies: Human development in the post-genomic world[J]. Genomics，Society and Policy，2008，4（3）: 89–102.

[32] Pelegrín-Borondo J，Arias-Oliva M，Murata K，et al. Does ethical judgment determine the decision to become a cyborg?[J]. Journal of Business Ethics，2020，16（1）: 5-17.

第 5 章

数字孪生：物理空间与赛博空间的闭环一致

数字孪生（Digital Twin）从字面意义上并不难理解，即通过传感器等手段把物理空间中物体的信息传输到赛博空间，从而在赛博空间中建立该物体的数字模型。若该数字模型可以实时更新并反映物理实体的信息，那就可以认为，通过一定技术手段建立了该物理实体所对应的数字孪生体。这种数字孪生技术为生产生活带来了极大的便利。数字工厂、数字城市等都是平时能接触到的数字孪生的典型应用。本章讲述数字孪生的起源与定义的发展历史，并陈述数字时代下一些国家和企业提出的数字孪生相关战略，最后介绍不同层次的数字孪生应用以及数字孪生的发展概况。

本章重点

◆ 数字孪生的起源和定义的演化

◆ 数字孪生相关战略和典型应用

◆ 数字孪生的发展概况

5.1 数字孪生的起源

在工业制造等众多领域，建立生产或生活对象的数字模型是非常必要的，其中涉及的主要技术当前被称为"数字孪生"。这项技术的意义在于将物理空间的实体映射到赛博空间，使其在赛博空间与物理空间中保持真正的闭环一致[1]，为生产生活带来了新的可能。通过这种映射，生产方可以在产品的整个生命周期对数据进行跟踪、获得反馈，促进工业制造的数字化和信息化。因此，为了真正地实现数字孪生，人们开始研究数字孪生的仿真、分析、数据挖掘等相关技术。

2010年，美国的阿波罗13号飞船飞离地球时突发重大意外，最终地面控制中心通过收集飞船传来的综合信息，快速、准确地诊断出了问题所在，从而在意外发生之前，将宇航员们成功转移到了登月舱。避免这次意外的关键在于NASA有一个高质量的完整地面模拟平台。除了机组人员、驾驶舱和任务控制台，生活舱中的一切都可以经过数字模拟之后传送到地面，这就是早期的数字孪生形式。后来，NASA 于同年发布的 Area 11 技术路线图中提到了数字孪生概念，即："数字孪生，是一种集成化了的多种物理量、多种空间尺度的运载工具或系统的仿真，该仿真使用当前最有效的物理模型、传感器数据的更新、飞行的历史等，来镜像出其所对应飞行中孪生对象的生存状态。"

虽然 NASA 很早就开始了对数字孪生的研究，但它是否第一个提出数字孪生概念仍然存疑。因为早在 2002 年，Michael Grieves 就提出了产品生命周期管理（Product Lifecycle Management，PLM）[2] 模型，该模型通过数据流将信息从物理空间映射到赛博空间，已经具备了数字孪生的基本要素。在一份白皮书[3]中，Michael Grieves 第一次正式提到了数字孪生的设想。2014 年，Michael Grieves 在其撰写的另一份白皮书《数字孪生：通过虚拟工厂复制实现卓越制造》（Digital Twin：Manufacturing Excellence Through Virtual Factory Replication）[4] 中，将数字孪生的提出归功于自己和 John Vichs。随后，他在《数字孪生：缓解复杂系统中不可预测的非所需紧急行为》（Digital Twin：Mitigating Unpredictable，Undesirable Emergent Behavior in Complex Systems）[5] 中又重申他才是第一个探索数字孪生的人。但是因为 NASA 在阿波罗 13 号事故处理中的壮举影响深远，Michael Grieves 的这份声明至今仍存在争议。虽然业界对于谁是第一个提出数字孪生的人尚不明确，但 NASA 和 Michael Grieves 对数字孪生的贡献都是不可否认的。

5.2 数字孪生定义的演化：基于技术和理念

PLM 之后，数字孪生在 2003 年美国空军和洛克希德·马丁空间系统（Lockheed Martin Space Systems）公司合作的 F-35 项目里率先开展的"数字线"（Digital Thread）技术研究中得到进一步发展。具体来说，就是用 3D 数字模型取代了传统的纸质蓝图来设计 F-35 战斗机。然而，并不是建立了 F-35 的数字线，就有了其数字孪生，这只是实现数字孪生的一个必要元素；必须再用故障预测与健康管理（Prognostics and Health Management，PHM）实时检测生产线和产品的安全状况[1]。因此，数字线与智能制造系统、数字测量和检测系统以及信息 - 物理系统集成在一起才形成了数字孪生的基本形式[6]。

除了产品外，生产系统（如生产设备、生产线等）和维护系统也需要建立相应的数字孪生体。2012 年，美国国家标准与技术协会（National Institute of Standards and Technology，NIST）提出了基于模型的定义（Model-Based Definition，MBD）[7]，实现了对整个产品生命周期的仿真分析以及生产系统数字模型的创建，代表了设计与制造更深层次的融合，在工业生产领域与数字线相比更加符合数字孪生的定义。

除了上述技术条件外，实现数字孪生的另一个必要条件，是数字孪生严格的学术定义。2012 年，NASA 的 Edward Glaessgen 和美国空军的 David Stargel 在文献［8］中提出："数字孪生是通过多物理、多维概率的方式来模拟飞机系统，并且使用最好的物理模型、传感器数据和历史数据来反映飞行周期全面真实的飞行特征。"尽管数字孪生已经有了学术意义上的严格定义，但是在 2013 年之前，数字孪生看起来仍然是一个非常超现实的概念，并且这个概念不能适用于所有领域。虽然 NASA 和 Michael Grieves 的应用都涉及数字孪生，但是他们解决的问题仅限于给出数字孪生的定义，不能算数字孪生的具体应用。面对这种情况，研究人员开始对数字孪生相关技术进行研究。到 2013 年，实现数字孪生所需的多物理尺度、多物理量建模、结构化健康管理、高性能计算等支撑技术都有所突破。但是，数字孪生真正需要的不仅是这些互补技术的实现，还要将这些技术集成到一个模型中，该模型需要由各个领域的专家完成[1]。因此，数字孪生的实现是很困难的，分阶段实现数字孪生就变成了一个可行的解决方案。

2013 年，美国空军研究实验室（Air Force Research Laboratory，AFRL）与通用电气（General Electric，GE）公司合作发布了 Spiral 117 计划。基于美国空军 F-15 试验台及相关技术，数字孪生被应用于虚拟实体识别实验中。在这项计划中，GE 将大数据视为数字孪生的一个重要概念，通过大数据分析，全面了解物理空间中机器的工作方式。例如，车间主管某天接到了一个电话，电话里有人告诉他工厂有一些组装零件出现了问题。然而，来电者并不是现实中的员工，而是利用人工智能算法为该零件创建的数字孪生体。GE 副总裁 Colin Parris 认为，这个"孪生体"是为机器建立的，利用了计算技术和建模技术，它能像人类一样观察和行动。在此基础上，GE 提出了用于为物理空间的实体构建数字孪生体的 Predix 平台。美国的这项计划以及 GE 的尝试让人们看到了数字孪生实现的可能性，并为其他应用奠定了基础。此后，许多寡头企业纷纷效仿 GE 推出了自家的数字孪生方案，扩展了数字孪生的应用场景。那时，关于数字孪生的研究还处在萌芽阶段，不同领域的相关人员对其做了进一步的研究，使其针对不同领域的定义得到了改进，如表 5.1 所示。

表 5.1　2013 年以来数字孪生定义的演化与完善

年份	定义	关键词
2013	云平台上运行的耦合模型是真实机器在赛博空间中的数字孪生，运用该耦合模型包含的数据信息和真实机器的物理信息，可以检测零件的健康状况[9]	分析
2014	数字孪生是一种产品生命周期的管理和认证范式。通过该范式对包括建造时的车辆状态、负载、环境和其他信息进行建模和仿真，可以实现对单个航空航天运载工具在其使用寿命期间的高保真建模[10]	高保真建模
2015	数字孪生不仅包括逼真地模拟当前真实世界的状态，还包括模型与现实世界环境交互的行为[11]	模拟与交互
2016	数字孪生是由虚拟表示和通信功能组成的现实世界对象的虚拟替代品，构成了作为物联网和服务内智能节点的智能对象[12]	虚拟替代品
2017	数字孪生通过更快的优化算法、提高计算机能力和增加可用数据量来模拟产品实体，以实时地控制和优化产品生命周期[13]	实时控制和优化
2018	数字孪生本质上是物理系统的一种独特存在模式，支持多物理模拟、机器学习、AR/VR 和云服务等使能技术[14]	存在模式
2019	数字孪生是物理系统的虚拟实例（孪生体），在整个物理系统生命周期中不断更新后者的性能，维护健康状态数据[15]	更新虚拟实例

5.3　数字孪生战略

随着数字孪生技术的发展，一些跨国公司和国家注意到了数字孪生的重要性。本节从社会和国家层面介绍数字孪生发展战略。

从社会层面看，众多公司提出了各自的数字孪生战略。例如，西门子在 2013 年提出了将智能运营贯穿于产品设计、生产和运营整个过程的数字战略，以区别于德国的工业 4.0[16]。在西门子的数字孪生应用模型中，数字孪生的产品、生产设备和产能构成了完整的解决方案，包括西门子现有的产品和系统，如 Teamcenter、PLM 等。以工程建设软件供应商 Autodesk 为代表，数字孪生技术被应用于建筑物、工厂等基础设施建设，将建筑物的整个生命周期和基础设施作为一种产品。2013 年，美国空军时任首席科学家 Mark Mayberry 发布了一份名为《全球视野：美国空军全球科学技术景象》（*Global Vision：US Air Force Global Science and Technology Scene*）的科技规划文件，其中数字线和数字孪生被认为是"改变游戏规则"的机会。至此，数字孪生的理论和技术体系初步建立，美国国防部开始接受这一概念并向国外推广[17]。

从国家层面看，2015 年以后，许多国家都以德国的工业 4.0 为基础提出了各自的数字化生产战略，例如印度、美国、俄罗斯、中国等[18]，力争在工业 4.0 的竞争中处于领先地位。其核心战略目标之一是建立工业领域数字孪生生产系统。2015 年，印度政府提出了以"印度制造"[19]和"数字印度"[20]引领国家未来的倡议。2016 年，美国先后发布了两份有关数字孪生的报告：《国家人工智能研发战略规划》（*The National Artificial Intelligence Research and Development Strategic Plan*）[21]和《人工智能、自动化与经济》（*Artificial Intelligence，Automation，and the Economy*）[22]，对数字孪生在美国的发展规划进行了深入的阐释，数字孪生的具体应用场景是报告的内容之一。2017 年，俄罗斯联邦政府发布的《俄罗斯联邦数字经济计划》（*Digital Economy of the Russian Federation*）[23]为俄罗斯的数字经济发展提供了路线图。2021 年 12 月，我国工业和信息化部等八部门联合印发了《"十四五"智能制造发展规划》，该规划提出：到 2025 年，规模以上制造业企业大部分实现数字化网络化，重点行业骨干企业初步应用智能化；到 2035 年，规模以上制造业企业全面普及数字化网络化，重点行业骨干企业基本实现智能化。

5.4　数字孪生应用

数字孪生发展到现在，推动了应用向数字化方向发展。从个人信息的数据建模到数字工厂和数字城市，再到数字地球以及平行世界，这些应用体现了层次从低到高的数字孪生理念。

5.4.1　个人信息建模

在数字孪生的蓬勃发展时期，将公民的个人信息映射到虚拟空间，并加以整理和维护是提高社会治理效率的一个重要方式，例如数字化医疗中的电子病历。

电子病历是公民实现医疗信息数字化的重要途径。1945 年，Vannevar Bush 提出了"生命日志"[24]的概念，即广泛使用智能设备，时刻记录个体生命特征以形成多个独立的信息数据库。之后，美国国防高级研究计划局（DARPA）启动了一项有关生命日志的研究，即以捕捉和存储人类生活经历的方式来开发智能机器人。他们希望记录一个人完整的生活经历，并创建一个人类生活的数据库系统[25]。电子病历的一个演进是 Gordon Bell 的"记忆银行"。记忆银行记录了他的饮食和锻炼情况，以及心绞痛发作的次数和症状，这样医生在做心脏搭桥手术时可以更好地了解他的身体状况。生命日志是电子病历的前身，它为当前个体病历的数字化建模提供了基础。1997 年成立的智凰软件科技有限公司（The Phoenix Partnership，TPP）以电子病历及相关医疗卫生信息软件的开发、生产、销售和售后服务为业务基础。电子病历自此作为一种完整的公共产品出现在人们的视野中。2020 年，TPP 已成为英国电子病历信息技术服务业的龙头企业。随着电子病历的出现和发展，医生可以基于患者的各种电子信息对其病情做出更直观的判断。电子病历的出现开启了新一轮的竞争，公民病历数字化由此进入了新的发展时期。可以预见，医疗系统中越来越多的患者信息将存储在赛博空间公民数字孪生的临床系统中。

5.4.2 数字工厂和数字城市

在数字时代的竞争环境中，工业生产面临着时间、成本等巨大挑战。甚至，生产过程中的一个设计错误就可能导致整个企业的衰亡。为了避免灾难性的后果，制造企业需要找到在生产过程中能直接反映生产结果的方法。这种反映本质上就是将实体产品的信息映射到赛博空间中。数字工厂技术是解决这类问题的有效方法。在时代的推动下，阿尔斯通、现代重工以及中国中车等公司相继提出了数字化工厂战略。再加上 2020 年以来新冠肺炎疫情对传统制造企业的严重冲击，使得大型制造企业要在未来继续实施上述战略，更加坚定数字化发展的方向，更加坚信"数"时代的美好前景。

另外，随着数字孪生的不断发展和完善，人们发现数字孪生的理论和技术框架还可以扩展到数字城市。建筑信息模型（Building Information Modeling，BIM）[26] 是数字城市的萌芽。从建筑信息模型到城市信息模型（City Information Modeling，CIM）[27] 再到数字孪生，数字城市正随着数字孪生前进的脚步快速发展。Autodesk 于 2002 年首次提出 BIM，它可以利用数字技术建立项目的三维虚拟模型，为建筑提供一个完整、一致的建设项目信息库。而之后提出的 CIM 则是 BIM 用于城市领域的类比模型[28]。

2008 年，IBM 首次提出了"智慧地球"战略。之后，数字城市的概念应运而生。数字城市以大数据、物联网、云计算等技术为支撑，是升华至高级智能形态的城市存在方式。2009 年，美国第一座智慧城市（也是世界第一座智慧城市）——迪比克（Dubuque）横空出世，当地政府与 IBM 合作，计划利用物联网技术将城市中的所有物理资源数字化并连接起来。2010 年，广东省佛山市提出了"四化融合，智慧佛山"发展战略。在 2011 年全国"两会"上，时任佛山市委书记透露，佛山已申请全国智能城市示范点，力争 3～5 年形成"四化融合"雏形。2012 年伦敦奥运会期间，负责运行伦敦公共交通网络的公共机构"伦敦运输"（Transport for London）在游客激增的情况下，使用收集自闭路电视摄像机、地铁卡、移动电话和社交网络的实时信息，确保火车和公交路线的中断可控，从而保证交通顺畅。2014 年，芝加哥的街道上部署了众多感测装置以收集环境数据，形成了作为数字城市开端的感测装置网络。2018 年 11 月，深圳市龙岗区提出为城市植入"城市大脑"的理念，力争在全国率先建成智慧中心城市，即集智慧交通、智慧资源调控于一体。深圳市于 2020 年出台了新的智慧城市政策，目的是在五年内形成新时代下的数字城市格局。

5.4.3 数字地球和平行世界

早在 1992 年，美国副总统戈尔就已经提出了"数字地球"的概念。但在当时此概念并没有引起广泛的重视，其主要原因是缺乏实施条件。为解决这个问题，需要在相应领域的观察、计算和存储方面取得进展。在相应技术得到快速发展后，在线地图服务（如谷歌地图等）和桌面虚拟地球（如谷歌地球等）也随之出现，使数字地球的实现成为可能[29]。

1998 年，在 OECD 举办的一次会议上，国际电信联盟（International Telecommunication Union，ITU）发布了一份数字地球报告。美国是当时推动数字地球领域建设最积极的国家。随后，我国也于 2006 年宣布成立国际数字地球学会中国国家委员会。为了能够真正实现把数字地球作为一个应用，参与数字地球的国家和公司不断地提高他们监测和模拟地球实体的能力。数字地球（Digital Globe，DG）公司于 2007 年发射了第一颗用于地球监测的遥感卫星。到 2016 年，该公司已经将地球观测卫星的数量增加到 5 颗。一些数字地球战略也在支持数字地球的发展。正如之前提到的，IBM 在 2008 年推出了智慧地球战略，该战略主要强调物理和信息基础设施不应单独建立，而应作为一个完整的智能基础设施统一起来[30]。在提出专门针对数字地球的举措、第一次将数字地球概念嵌入地缘政治之后，欧盟委员会于 2015 年发布了一项 INSPiRE 协议[31]，该协议提出各国应该统一数字地球技术标准。据报道，俄罗斯联邦航天局（Russian Federal Space Agency，RKA）从 2017 年开始在本国数字地球项目框架下定期更新其自身的全球地面数字模型。2019 年，与 GE 用于数字孪生的 Predix 平台类似，阿里云等公司推出了"数字地球引擎"。为支持数字地球的发展，阿里云平台提供开放的图像数据集、遥感功能以及丰富的 API 接口等，其他公司和学者也可以利用该平台进行各自的数字地球研究。数字地球带来的挑战是多方面的，尤其是在计算机和通信领域。

平行世界可以理解为数字孪生在科幻层面的解读。Karl R. Popper 在 1972 年出版的《客观的知识：一个进化论的研究》（*Objective Knowledge：An Evolutionary Approach*）[32] 中提出了第三世界——人工世界的概念，这是平行世界的早期形式。大多数人对物理世界（第一世界）和心理世界（第二世界）比较熟悉，而第三世界在这本书里是指由人类精神活动的产物构成的世界。而如果有人想要真正地建立第三世界，还需要更进一步地扩展 Karl R. Popper 的第三世界概念。王飞跃在 2004 年提出的关于平行系统的一系列理论就是对 Karl R. Popper 的第三世界理论的进一步探索[33]，指出平行世界是由现实中的系统和与其对应的赛博空间中的系统组成的整体。同年，他进一步提出了未来社会的愿景，即每个人在物理空间中都是作为独立个体出生，但在赛博空间里会有一个或多个映射。2015 年，王飞跃强调，在未来社会，人一定是"真"人与"虚"人一体化的平行人，开始是虚实的一对一，然后是一对多、多对一，最后是多对多，形成虚实互动、互生、互存的平行世界[34]。2019 年，王飞跃等人聚焦于"平行城市"，利用平行城市的基础设施服务于平行世界[35]。平行城市由一个真实的城市和一个相应的数字城市组成。数字城市由真实城市的计算机模型和数字表示。同年，在中国苏州举办的全球人工智能产品应用博览会上，阿里云发布了一款城市大脑领域的新产品——"数字平行世界"。但是作为一个平行世界产品，阿里云提出的概念只是停留在城市治理上。要真正完善数字平行世界，相关技术和基本理论还有待进一步完善。

5.5 数字孪生的发展现状及趋势

5.5.1 数字孪生的发展现状

数字孪生对数字时代有重要的现实意义，它切实地为工业生产等领域带来了变革，也因此受到了越来越多的关注。2011—2020 年，Scopus 数据库共收录了 3880 篇与数字孪生领域相关的论文（数据截至 2020 年 12 月 31 日），图 5.1 展示了在该时间段内各类文献的年度发表情况，其中包括期刊论文、会议论文等。从发表文献的数量来看，其总体趋势是增加的。2011—2015 年，数字孪生相关的文献数量相对较少。2016—2020 年，数字孪生的文献发表数量进入快速增长期。照此趋势，数字孪生的文献数量在 2020 之后的几年可能继续保持增长。

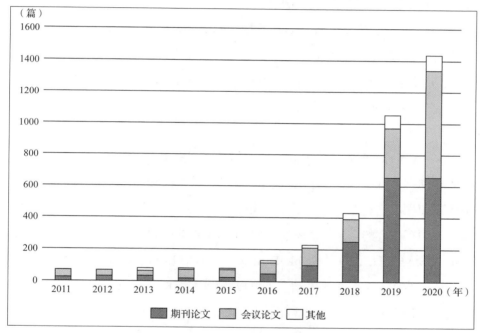

图 5.1　2011—2020 年数字孪生文献年度发表数量（统计自 Scopus 数据库）

此外，根据文献类型发表的分布统计可知，前面 7 年会议论文占多数，而期刊论文在近年来呈现出明显的增长趋势。这一变化表明人们对数字孪生的研究越来越深入、越来越系统。然而，数字孪生目前还存在以下问题。

（1）数字孪生的应用场景逐步扩展，但在一些具体应用中缺乏仿真和虚拟测试的高保真模型。

（2）与数字孪生的设想相比，数字孪生在具体应用中有时效果并不理想，因为在物理空间和赛博空间之间难以建立良性的闭环同步。

（3）数字孪生所采用的模拟和仿真技术存在隐私安全风险。

（4）在某些领域（如医疗领域），人类更愿意接受人工判断的结果，即使数字孪生在大多数情况下表现得更好。

5.5.2　数字孪生的发展趋势

虽然数字孪生还存在一些问题，但其发展正在朝着解决这些问题的方向前进。数字孪生的发展趋势有以下突出表现。

（1）除几何、仿真、数据等相关技术的协同发展外，建模技术也在朝着提高建模效率和精度的方向发展。

（2）数字孪生正在向实体与虚拟对象交互的闭环优化方向发展。该发展方向基于智能决策中的反馈控制函数实现，实现基于数据自执行的全闭环优化。

（3）从赛博空间发送到物理空间的信息逐渐采用更复杂的加密方法。

（4）人工智能发挥重要作用。生成式人工智能（Generative Artificial Intelligence）在近年迅速崛起，它是一种能根据人类提示（Prompt）生成文字、代码、图像、音乐和视频等内容的人工智能系统，如 ChatGPT 和 LLaMA 等大语言模型（Large Language Model，LLM）、Stable Diffusion 和 DALL-E 等文本生成图像模型。数字孪生与生成式人工智能技术结合，可以实现对实体、过程或系统的数字化建模和自动化代码生成，从而达到提高效率、降低成本、优化设计等效果。

参考文献

[1] 于勇，范胜廷，彭关伟，等. 数字孪生模型在产品构型管理中应用探讨 [J]. 航空制造技术，2017，60（7）：41-45.

[2] Grieves M. Product lifecycle management: Driving the next generation of lean thinking [M]. US: McGraw Hill Professional，2005.

[3] Grieves M. Virtually perfect: Driving innovative and lean products through product

lifecycle management[M]. Merritt Island: Space Coast Press, 2011.

[4] Grieves M. Digital twin: Manufacturing excellence through virtual factory replication[R]. 2014: 1-7.

[5] Grieves M, Vickers J. Digital twin: Mitigating unpredictable, undesirable emergent behavior in complex systems[J]. Transdisciplinary Perspectives on Complex Systems, 2017: 85-113.

[6] Lee J, Bagheri B, Kao H A. A cyber-physical systems architecture for industry 4.0-based manufacturing systems[J]. Manufacturing Letters, 2015, 3: 18-23.

[7] Quintana V, Rivest L, Pellerin R, et al. Will model-based definition replace engineering drawings throughout the product lifecycle? A global perspective from aerospace industry[J]. Computers in Industry, 2010, 61 (5): 497-508.

[8] Glaessgen E, Stargel D. The digital twin paradigm for future NASA and US Air Force vehicles[C]. Proceedings of the 53rd AIAA/ASME/ASCE/AHS/ASC Structures, Structural Dynamics and Materials Conference-Special Session on the Digital Twin. VA: AIAA, 2012: 1-14.

[9] Lee B, Jin T, Lee S H, et al. Smartmanikin: Virtual humans with agency for design tools[C]. Proceedings of the 2019 CHI Conference on Human Factors in Computing Systems. NY: ACM, 2019, 584: 1-13.

[10] Tao F, Cheng J, Qi Q, et al. Digital twin-driven product design, manufacturing and service with big data[J]. The International Journal of Advanced Manufacturing Technology, 2018, 94: 3563-3576.

[11] Rosen R, Wichert G V, Lo G, et al. About the importance of autonomy and digital twins for the future of manufacturing[J]. IFAC-Papers On Line, 2015, 48 (3): 567-572.

[12] Schluse M, Rossmann J. From simulation to experimentable digital twins:

Simulation-based development and operation of complex technical systems[C]. Proceedings of the IEEE International Symposium on Systems Engineering（ISSE）. NJ: IEEE，2016: 1-6.

[13] Söderberg R，Wärmefjord K，Carlson J S，et al. Toward a digital twin for real-time geometry assurance in individualized production[J]. CIRP Annals，2017，66（1）：137-140.

[14] Wang J，Ye L，Gao R X，et al. Digital twin for rotating machinery fault diagnosis in smart manufacturing[J]. International Journal of Production Research，2019，57（12）：3920-3934.

[15] Madni M A，Madni C C，Lucero D S. Leveraging digital twin technology in model-based systems engineering[J]. Systems，2019，7（1）：7-20.

[16] Heiner L，Peter F，Kemper H G，et al. Industry 4.0[J]. Business & Information Systems Engineering，2014，6（4）：239-242.

[17] Rother C，Kumar S，Kolmogorov V，et al. Digital tapestry [automatic image synthesis][C]. Proceedings of the IEEE Computer Society Conference on Computer Vision and Pattern Recognition. NJ: IEEE，2005，1: 589-596.

[18] He Z，Pan H. German "Industry 4.0" and "Made in China 2025" [J]. Journal of Changsha University of Science and Technology（Social Science Edition），2015，30（3）：103-110.

[19] Bhaskaran S. Made in India: Decolonizations，queer sexualities，trans/national projects[M]. New York: Palgrave Macmillan，2004.

[20] Thomas P N. Digital India: Understanding information，communication and social change[M]. India: SAGE Publications，2012.

[21] Parker E L. Creation of the national artificial intelligence research and development strategic plan[J]. AI Magazine，2018，39（2）：25-32.

[22] Acemoglu D，Pascual R. Artificial intelligence，automation and work[J]. MIT Department of Economics Working Paper，2018，18: 1-44.

[23] Tarakanov V V，Agnessa I O，Dolinskaya V V. Information society，digital economy and law[M]// Ubiquitous Computing and the Internet of Things: Prerequisites for the Development of ICT. Cham: Springer，2019: 3-15.

[24] Harrison R，Wellman B. Networked: The new social operating system[M]. Cambridge: MIT Press，2012.

[25] Rawassizadeh R，Tomitsch M，Wac K，et al. UbiqLog: A generic mobile phone-based life-log framework[J]. Personal and Ubiquitous Computing，2013，17（4）: 621-637.

[26] Eastman C M，Eastman C，Teicholz P，et al. BIM handbook: A guide to building information modeling for owners，managers，designers，engineers，and contractors[M]. US: John Wiley & Sons，2011.

[27] Stojanovski T. City information modeling（CIM）and urbanism: Blocks，connections，territories，people and situations[C]. Proceedings of the Symposium on Simulation for Architecture & Urban Design. NY: ACM，2013: 1-8.

[28] Amorim A. Discutindo city information modeling（CIM）E conceitos correlatos[J]. Gestão & Tecnologia De Projetos，2015，10（2）: 87-100.

[29] Ehlers M，Woodgate P，Annoni A，et al. Advancing digital earth: Beyond the next generation [J]. the National Academy of Sciences，2012，109（28）: 11088-11094.

[30] Li D，Yao Y，Shao Z，et al. From digital earth to smart earth[J]. Chinese Science Bulletin，2014，59（8）: 722-733.

[31] Coyer F，Gardner A，Doubrovsky A，et al. Reducing pressure injuries in critically ill patients by using a patient skin integrity care bundle（InSPiRE）[J]. American

Journal of Critical Care，2015，24（3）：199-209.

[32] Popper K R. Objective knowledge: An evolutionary approach[M]. US: Oxford University Press，1972.

[33] 王飞跃. 平行系统方法与复杂系统的管理和控制 [J]. 控制与决策，2004，19（5）：485-489.

[34] 王飞跃. 谈正来临的第五次工业革命："未来一定有多个平行的你" [N]. 南方周末，2015.

[35] 吕宜生，王飞跃，张宇，等. 虚实互动的平行城市：基本框架、方法与应用 [J]. 智能科学与技术学报，2019，1（3）：311-317.

第 6 章

赛博空间心理与情感

美国心理学家 Patricia Wallace 在《互联网心理学》（The Psychology of Internet）一书中写道："几乎是在一夜之间，曾经一度作为研究者隐蔽交流媒介的互联网，迅速渗透到我们生活的各个角落，在我们能够想象的领域中，它无处不在。"随着网络对工业制造和日常生活的全面渗透[1]，它对人类与机器的心理和情感影响越来越明显。情感主要受文化和生理的影响[2]，而心理则主要受到认知、个性、注意力、智力等方面的影响。本章着眼于人类和机器两个群体，探讨对其在赛博空间中心理与情感的研究历史。本章首先讲述人类在赛博空间的心理与情感研究，并进一步介绍由赛博空间心理与情感引发的网络成瘾、心理依赖、网络欺凌等问题。接着讲述机器在不同时期的心理与情感演化过程。最后介绍人类和机器两个群体间的心理与情感发展历程。

本章重点

◆ 赛博空间中人类的精神障碍和心理问题
◆ 赛博空间中机器心理与情感发展的三个阶段
◆ 赛博空间中人机间心理与情感发展的三个阶段

6.1 赛博空间中人类的心理与情感研究与规范

虚拟现实、社交媒体等技术为人类提供了一个可以见面、洽谈、工作、购物和娱乐的虚拟环境。赛博空间作为人类的第四基本生存空间，正深刻地改变着人类的生活模式和生活习惯，影响着人类的心理和情感[3]。与此同时，网络人口以及赛博空间中各种各样的内容与资源导致人类产生了一系列精神障碍、心理问题，甚至社会问题，例如网络成瘾、社交抑郁、网络欺凌等。

据德国数据统计网站 Statista 统计，从 2005 年到 2020 年，全球互联网用户数量急剧增加。一般来说，分析人类心理与情感的过程过于主观，很难直接使用一个标准化模型或规则来分析。为了更好地分析一个人的情感，大量学者从心理分析和情感计算的角度对情感进行分类并创建对应的情感模型，如表 6.1 所示。在此基础上，2020 年，王兆霞等人对现有的情感等级分类模型进行了总结[4]。

表 6.1 典型的情感模型

年份	名称	内容
1974	愉悦 - 觉醒 - 支配（Pleasure-Arousal-Dominance，PAD）情绪状态模型[5]	PAD 模型是一种将愉悦、觉醒和支配从低到高排序的三维模型。其中，愉悦度量情感的愉悦程度，判断情感的正负面状态；觉醒度量情感的激烈程度；支配度量情感的控制程度
1980	普鲁契克情感轮（Plutchik's Wheel of Emotions）[6]	情感轮模型包含 8 种基本情感，即喜悦、难过、恼怒、害怕、信任、讨厌、诧异、期待。该模型将情感定义为 3 组、8 个维度共 24 个情感特征，并拓展了 8 个融合情感特征，共有 32 个细分情感特征
1987	帕罗特情感分组（Parrott's Emotions by Groups）[7]	Parrott 的情感模型包含一个树状结构的情感列表。该模型将情感定义为 3 层分类结构，共有 115 个细分情感特征
1988	OCC（The Ortony, Clore, and Collins）模型[8]	OCC 模型是基于认知评价角度提出的，其主要层次结构包括与事件结果相关的情感、与智能体行为相关的情感和与对象属性相关的情感。该模型包含 22 个细分情感特征
2009	修正的 OCC 模型[9]	修正的 OCC 模型是一种继承 OCC 模型情感层次结构并消除歧义的模型，用于识别原始 OCC 模型中存在的歧义
2012	情感沙漏（The Hourglass of Emotions）模型[10]	情感沙漏模型包含愉悦度、关注度、倾向性和敏感度 4 个情感维度和 3 个极性强度，其中每个维度被分为 6 个层次。该模型包含 24 个细化情感特征

这些典型的情感模型在工程学、心理学和计算机科学等不同研究领域得到了应用。例如，2012 年，Alberto Pinheiro Soares 等人基于 PAD 模型对规范性情感进行评分[11]，确定了英语单词情感规范方法（Affective Norms for English Words，ANEW）。2013 年 8 月，Luwen Huangfu 等人基于典型 OCC 模型进行情感识别[12]，通过可取性和价值两个维度来衡量字典中每个单词的整体价值，并根据模型提出 6 条规则推导情感类别。2015 年，Shivhare Naresh Shivhare 等人借助 Phillip Shaver 提出的层次情感模型，开发了针对文本文档检测的情感模型[13]，通过检测给定输入文本中的任意情感词，判断文本的主导情感。

　　这与早期研究人员投入情感模型的研究与应用的现状形成鲜明对比。20世纪80年代初期，互联网的使用群体主要是少数专家和研究人员，早期在线活动的范围仅限于科学研究活动。大多数人对互联网和计算机感到陌生，并且对其毫无热情、漠不关心。正因如此，在互联网发展初期，使用互联网的人寥寥无几，遑论有人会研究赛博空间中人类的心理与情感问题。

　　20世纪90年代初期，随着万维网（World Wide Web，WWW）的发展，人类注意到使用互联网带来的好处与便利，并积极参与各种在线活动，如在线工作、学习和娱乐等。在此期间，研究人员还留意到长期使用互联网会导致网络成瘾，这是一种精神障碍或者精神疾病，会引发一系列身心不适的症状。例如，沉迷于网络的用户即使没有明确的上网目的，也无法停止浏览在线内容。甚至有些用户会患上强烈的精神障碍，在无法使用网络时表现出抑郁、悲伤、焦虑等状态。对于青少年而言，网络成瘾的现象愈发严重[14]。网络成瘾还可能造成社交抑郁症和恐惧症等新的心理问题，即参与社交活动时产生焦虑和恐惧等心理[15]。

　　进入21世纪，随着智能技术的发展，更多人开始享受网络冲浪的便利。思科年度互联网报告预测：到2023年，全球将有至少53亿名互联网用户[16]。越来越多的人对互联网、社交媒体等产生强烈的社会心理依赖。2001年，王伟等人注意到大学生对互联网的强烈依赖，使用主成分提取和因子分析的方法，对整个样本中的28个因素进行Kaiser归一化，从中提取出不可控性、社会逃避性、社会消极性等6个因素，证明互联网依赖是一种多因素的心理情感现象[17]。2008年，Megan L. Hilts专注于研究21世纪互联网依赖对工作生产力的影响，并且强调了互联网依赖对工业界和学术界产生的负面影响[18]。2009年，腾讯发布了一款名为QQ农场的模拟经营游戏，为用户提供了一个虚拟的农场环境，让用户可以在线种植、销售产品。与此同时，云养宠物等虚拟活动也应运而生。此外，社交媒体的热潮也给人们的心理与情感带来极大的影响。随着大量社交媒体的涌现（例如，2009年，微博进入我国网民的视野；2011年，微信诞生），用户对互联网的情感依赖程度越来越高，他们习惯了独自生活在赛博空间，反而加剧了在现实生活中的孤独感，在与他人面对面交流时可能会感到不适与压力。

此外，近年来网络欺凌在全球引起广泛关注。网络欺凌是利用手机、计算机等现代电子设备通过互联网对他人进行恐吓、威胁或羞辱等的欺凌行为，包括在社交媒体上传播关于他人的不实言论，向他人发送伤害性或威胁性的信息，以他人名义发送恶意信息等[19]。网络欺凌是赛博心理学的一个重要研究领域，它对人类的影响是长期的、多方面的。例如，网络欺凌在心理上会使人感到烦恼、尴尬或愤怒；在情感上会使人感到羞耻，或对自己喜欢的事情失去兴趣；在生理上会使人感到疲倦，或出现胃疼、头疼等症状。网络欺凌在一定程度上使赛博空间成为一个危险的空间。进入 21 世纪后，许多国家都通过制定相关法律法规限制网络欺凌行为，以期营造健康和谐的网络空间环境[20-21]。美、英、日等发达国家较早开始通过赛博空间立法来治理这类失范行为，如表 6.2 所示。

表 6.2　美国、英国和日本立法限制网络欺凌的典型事件

国家	措施对象或目标	事件
美国	受害者的法律救济权	1963 年，美国法学会提出《侵权法重述（第二次）》第 558 条
	网络服务提供者的责任	1996 年，美国国会制定《通信内容端正法》
		1998 年，美国国会颁布《儿童在线隐私保护法》
	欺凌者承担刑事责任	2008 年，密苏里州第一个通过反网络欺凌法
		2008 年，美国众议院提出《梅根·梅尔网络欺凌预防法》议案
	学校的安全教育、管理责任	2000 年，美国国会通过《儿童互联网保护法》
		2012 年，《教育法》第 234 节中的相关条款对《营造安全学习环境法》进行补充改进
英国	立法严惩欺凌行为	1994 年，英国议会通过了《刑事司法和公共秩序法》
		1997 年，英国颁布了《保护免受骚扰法》
		1998 年，英国制定了《恶意通信法》
		2003 年，英国议会批准了《通信法》
日本	严格立法	2003 年，日本颁布了《社交网站规制法》
		2008 年，日本颁布了《青少年互联网环境整备法》
		2013 年，日本参议院通过了由日本执政党和在野党共同提出的《欺凌防止对策推进法案》
	社会各界共同承担责任	2008 年，日本文部科学省发布《应对网络欺凌指南和事例集》

与发达国家相比，我国互联网的发展要晚一些，对网络欺凌的立法也相对晚一些，如表 6.3 所示。目前，我国呈现出"专门立法少，其他相关法律法规缺乏针对性，管理主体多"的问题。

表 6.3　我国对网络欺凌的立法

立法类型	具体法规
传统立法	《中华人民共和国侵权责任法》第二条、第二十二条，针对民事责任范畴
	《中华人民共和国民法通则》第一百二十条，针对民事责任范畴
	《中华人民共和国治安管理处罚法》第四十二条，针对行政责任范畴
	《最高人民法院、最高人民检察院关于办理利用信息网络实施诽谤等刑事案件适用法律若干问题的解释》第二条、第五条，针对行政责任范畴
网络立法	《全国人大常委会关于维护互联网安全的决定》第四条
	《未成年人网络保护条例（送审稿）》第二十一条、第三十二条

除了政府对网络欺凌进行立法外，世界上有许多致力于心理与情感研究与交流的组织机构。成立于 1950 年的国际心理科学联合会（International Union of Psychological Science，IUPS）迄今已有 100 多个委员会。

随着互联网的普及，人类经历了重要的心理与情感变化，在法律法规的制约和众多组织机构的努力下，赛博空间正朝着更健康、更成熟的方向发展。

6.2　赛博空间中机器的心理与情感发展与研究

与人类相比，机器作为赛博空间中不可或缺的另一种个体，同样扮演着重要的角色。对赛博空间中机器心理与情感的研究始于 1995 年，这一年人工意识（Artificial Consciousness）的概念首次被提出[22]。人工意识又称机器意识（Machine Consciousness），即将人类的意识加到人工制品上面。本节将赛博空间中机器的心理与情感发展分为三个阶段：单一机器情感阶段、机器可识别和模拟情感阶段、机器拥有自我意识阶段。

以机器人为例，赛博空间中机器人心理与情感的发展历程如图 6.1 所示。20世纪 20 年代，机器人还没有自我的心理和情感[23]，仅被用于专注完成预定任务，如捡瓶子、写简单的单词等。在 20 世纪 70 年代，虽然出现了旨在模拟人类外观和交互的类人机器人，但是仍然很少有机器人能用面部表情表达情感。另外，由于技术的局限性以及人类心理与情感的不透明性，当时很少有人研究机器的心理与情感特征。

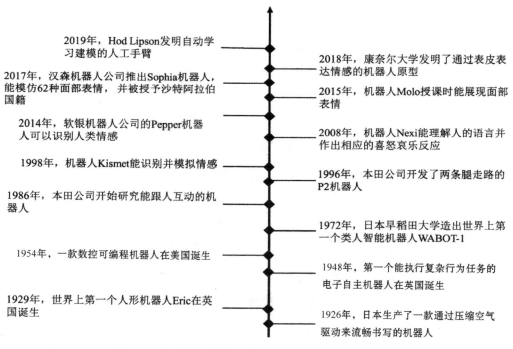

图 6.1　赛博空间中机器人心理与情感的发展历程

20 世纪 90 年代，各国相继提出（让机器）从心理学层面理解情感的情感机器人理论。1993 年，日本成立"感性工学委员会"，开始对感性工学（Kansei Engineering）进行研究[24]，通过分析人的感性来设计产品，把人的感性需求加入到商品制造中。1997 年，R. W Picard 教授提出情感计算（Affective Computing），融合计算机科学、心理学和认知科学的内容，使机器能够识别或模拟出人类的情感[25]，从而使机器具有感知、理解和表达情感的能力。2000

年，王志良教授为了从广义心理学层面研究机器的情感，提出人工心理（Artificial Psychology）理论[26]，即利用信息科学技术，对人的心理活动（尤其是情感、意志、性格、创造等）全面进行人工机器（计算机、模型算法等）实现[27]。

受到上述新兴理论和技术的启发与推动，机器人逐渐能够识别、理解甚至模拟人类的情感。例如，1998 年 Cynthia Breazeal 在美国麻省理工学院（Massachusetts Institute of Technology，MIT）发明的 Kismet 被认为是早期能够理解与拥有简单情感的机器人之一。2008 年，MIT 展示了一款名为"Nexi"的情感机器人，它不仅可以领会人的言语，还能通过转动、皱眉、打手势等肢体语言对不同含义的言语做出对应情感反应，可以表达丰富的情感。2014 年，软银机器人（SoftBank Robotics）公司开发的"胡椒"（Pepper）机器人可以准确识别人类的情感。2015 年，面向孤独症学生患者的机器人 Molo 问世，它们在上课时可以自动展示简单的面部表情。在这一时期，机器人只有少数的情感特征。2017 年，世界上第一个获得人类国籍的机器人 Sophia 诞生，它拥有 62 种面部表情，与其他机器人相比是一个显著的突破，这在机器人的心理和情感研究史中画下了浓墨重彩的一笔。

进入 21 世纪后，赛博空间中的很多机器都具有模拟人类情感、与人类互动等功能。它们在内部情感机制的驱动下，在适当的情况下可以表现出特定的面部表情，如高兴、愤怒、悲伤和恐惧等，这被广泛应用于辅助生活、医疗保健、教育等领域。关于机器的心理特征，有些科学家怀疑机器是否可能拥有自我意识、在更高层面模仿人类。2018 年，Raja Chatila 对机器的自我意识从感知能力、学习能力、交互能力、决策能力和认知架构五个方面进行了讨论[28]。2019 年，哥伦比亚大学的科学家 Hod Lipson 用人工手臂演示了如何基于自动学习进行自我模型的构建，该模型可以帮助机器人实现自我模拟和身体运动指导[29]。

目前，赛博空间中机器的认知、意识等心理特征，与人类所具有的特征还相差甚远。但是，随着人工智能、脑科学和神经科学的进步，赛博空间中的机器在未来可能建立心理与情感系统。未来，机器还可能像人类一样受到网络成瘾、网络欺凌、抑郁等[30]心理与精神障碍的影响。

6.3　赛博空间中人机间的心理与情感发展研究

除对人和机器分别进行心理与情感研究外，人机间的心理与情感发展研究也极具意义和前景。人机间心理和情感的发展可分为交互、协作、集成三个阶段。其中，交互是初级阶段，协作建立在交互基础上，集成是未来的发展方向。

人机交互作为人机关系的初级阶段，主要是指人与机器之间从简单设备（如键盘）输入到高级肢体语言的交互、交流。20 世纪 70 年代初，Palo Alto 研究中心的研究人员注意到心理学理论与计算机技术交互相融合的可能性。1983 年，Stuart K. Card 等人详细介绍了人机交互中的认知心理学，为相关心理学理论在人机关系中的应用奠定了科学基础[31]。后来，北美洲和欧洲的研究人员提出人因工程学（Human Factor Engineering）这一新研究领域，提出设计人机交互时应更多考虑人为因素[32]。1999 年，T. Ogata 和 S. Sugano 进行了人类对机器人印象评估的情感研究[33]。此后，研究人员开始关注人机关系中的心理评估。2001 年，日本京都大学的 T. Kanda 通过心理学方法、语义差分方法以及因子分析法，研究机器人在与人类互动时的心理[34]。在此阶段，对于人类而言，机器被当作为人类提供服务和便利的工具。

随着认知计算和人工智能的发展，机器在日常生活和工业制造中发挥着越来越重要的作用。机器除了完成简单的信息交互，还与人类一起处理更复杂的任务，逐渐与人类成为相互协作的伙伴。2008 年，A. Bauer 在概述人机协作时更加强调人与机器应具有互补的技能，并相互负责[35]。2017 年，随着社交机器人的发展，研究人员注意到了社会心理学在人机协作中的重要性[36]。2018 年，A. Cangelosi 在儿童心理学和认知心理学的启发下，引入了名为"发展机器人学"（Developmental Robotics）的跨学科方法[37]。在人机协作过程中，人类逐渐建立起对机器的依赖和信任，实现共同任务目标。而且，许多人甚至开始在虚拟环境中创造各种各样的虚拟人物，通过寻找另一个"他/她"来建立情感寄托。人类对机器的心理态度也发生了明显的变化，例如，平等对待并尊重机器，甚至与机器产生"牢固"的情感共鸣。

赛博格和数字孪生等概念可被视为人机关系进一步融合的开始。20 世纪 60 年代，赛博格首次出现。20 世纪 80 年代，D. Haraway 强调了赛博格是有机体和机器的混合体，它为人和机器的无缝结合提供了可能[38]。数字孪生是赛博空间中的虚拟化身，它与物理空间中的个人、程序和系统具有相应的映射关系[39]，这将成为实现人机高度集成的基础技术，如优化脑机接口、实现人与机器的全面通信等。关于赛博格和数字孪生发展历史的内容可以参考本书第 4 章和第 5 章。在 21 世纪，人机高度集成的阶段将可能达到，即机器拥有像人类一样的心理与情感状态，并在人际关系中占据几乎与人类平等的地位。在此环境下，人类和机器有可能建立同步和双向的心理与情感状态。届时，将有更多的法律和道德问题需要被进一步讨论。

6.4　结论

本章分别从人类、机器以及人机的角度分析了赛博空间心理与情感研究史。随着时间的推移，赛博空间的心理和情感研究经历了从萌芽到成熟的发展过程。在未来几年内，赛博空间还需要建立更完善的心理与情感系统，营造更加健康的赛博空间生存环境。

参考文献

[1] Ning H，Ye X，Bouras M A，et al. General cyberspace: Cyberspace and cyber-enabled spaces[J]. IEEE Internet of Things Journal，2018，5（3）：1843-1856.

[2] Ekman P，Davidson R J. The nature of emotion: Fundamental questions[M]. US: Oxford University Press，1994.

[3] Gordo-López Á J，Parker I. Cyberpsychology[M]. US: Taylor & Francis，1999.

[4] Wang Z，Ho S B，Cambria E. A review of emotion sensing: Categorization models

and algorithms[J]. Multimedia Tools and Applications, 2020, 79 (47): 35553-35582.

[5] Mehrabian A. Pleasure-arousal-dominance: A general framework for describing and measuring individual differences in temperament[J]. Current Psychology, 1996, 14 (4): 261-292.

[6] Chafale D, Pimpalkar A. Review on developing corpora for sentiment analysis using Plutchik's wheel of emotions with fuzzy logic[J]. International Journal of Computer Sciences and Engineering, 2014, 2 (10): 14-18, 2014.

[7] Shaver P, Schwartz J, Kirson D. Emotion knowledge: Further exploration of a prototype approach[J]. Journal of Personality and Social Psychology, 1987, 52 (6): 1061-1086.

[8] Ortony A, Clore G L, Collins A. The cognitive structure of emotions[M]. UK: Cambridge University Press, 1990.

[9] Steunebrink B R, Dastani M, Meyer J J C. The OCC model revisited[J]. Computer Science, 2009: 2-9.

[10] Cambria E, Livingstone A, Hussain A. The hourglass of emotions[J]. Cognitive Behavioral Systems, 2012, 7403: 144-157.

[11] Soares A P, Comesaña M, Pinheiro A P, et al. The adaptation of the affective norms for English words (ANEW) for European Portuguese[J]. Behav Res Methods, 2012, 44: 256-269.

[12] Huangfu L, Mao W, Zeng D, et al. OCC model-based emotion extraction from online reviews[C]. Proceedings of the IEEE International Conference on Intelligence and Security Informatics. NJ: IEEE, 2013: 116-121.

[13] Shivhare S N, Garg S, Mishra A. Emotion finder: Detecting emotion from blogs and textual documents[C]. Proceedings of the International Conference on Computing, Communication & Automation. NJ: IEEE, 2015: 52-57.

[14] Shaw M, Black D W. Internet addiction[J]. CNS Drugs, 2008, 22 (5): 353-365.

[15] Wei H T, Chen M H, Huang P C. The association between online gaming, social

phobia, and depression: An internet survey[J]. BMC Psychiatry, 2012, 12（1）: 1-7.

[16] Cisco. Cisco Annual Internet Report（2018–2023）[EB/OL]. [2021-1-12].

[17] Wang W. Internet dependency and psychosocial maturity among college students[J]. International Journal of Human-Computer Studies, 2001, 55（6）: 919-938.

[18] Hilts M L. Internet dependency, motivations for internet use and their effect on work productivity: The 21st century addiction[D]. US: College of Liberal Arts, 2008.

[19] Dehue F, Bolman C, Völlink T. Cyberbullying: Youngsters' experiences and parental perception[J]. Cyber Psychology& Behavior, 2008, 11（2）: 217-223.

[20] King A V. Constitutionality of cyberbullying laws: Keeping the online playground safe for both teens and free speech[J]. V and. L. Rev, 2010, 63（3）: 845-884.

[21] Williams J L. Teens, sexts & cyberspace: The constitutional implications of current sexting & cyberbullying laws[J]. William & Mary Bill of Rights Journal, 2011, 20（3）: 1017-1052.

[22] Aleksander I. Artificial neuroconsciousness an update[J]. International Workshop on artificial neural networks, 1995, 930: 566-583.

[23] Cai X, Ning H, Dhelim S, et al. Robot and its living space a roadmap for robot development based on the view of living space[J]. Digital Communications and Networks, 2021, 7（4）: 505-517.

[24] 长町三生. 感性工学: 一种新的人机学顾客定位的产品开发技术 [J]. 国际人机工程周刊, 1995, 3: 1-1.

[25] Picard R W. Affective computing for HCI[J]. HCI, 1999, 1: 829-833.

[26] 王志良. 人工心理学——关于更接近人脑工作模式的科学 [J]. 工程科学学报, 2000, 5: 478-481.

[27] 楼永坚. 基于认知与情感的 E-learning 个性学习设计 [J]. 现代远距离教育, 2009, 1: 60-61.

[28] Chatila R, Renaudo E, Andries M. Toward self-aware robots[J]. Frontiers in Robotics and AI, 2018, 5: 88-134.

[29] Kwiatkowski R，Lipson H. Task-agnostic self-modeling machines[J]. Science Robotics，2019，4（26）：4.

[30] Ning H，Shi F. Could robots be regarded as humans in future[Z/OL].（2020-12-1）. arXiv: 2012.05054.

[31] Card S K，Moran T P，Newell A. The psychology of human-computer interaction[M]. Florida: CRC Press，1983.

[32] Bannon L J. From human factors to human actors: The role of psychology and human-computer interaction studies in system design[J]. Readings in Human–Computer Interaction，1995: 205-214.

[33] Ogata T，Sugano S. Emotional communication between humans and the autonomous robot which has the emotion model[C]. Proceedings of the IEEE International Conference on Robotics and Automation. NJ: IEEE，1999，4: 3177-3182.

[34] Kanda T，Ishiguro H，Ishida T. Psychological analysis on human-robot interaction[C]. Proceedings of the IEEE International Conference on Robotics and Automation. NJ: IEEE，2001，4: 4166-4173.

[35] Bauer A，Wollherr D，Buss M. Human–robot collaboration: A survey[J]. International Journal of Humanoid Robotics，2008，5（1）：47-66.

[36] Bütepage J，Kragic D. Human-robot collaboration: From psychology to social robotics[Z/OL]. (2017-5-29). arXiv: 1705.10146.

[37] Cangelosi A，Schlesinger M. From babies to robots: The contribution of developmental robotics to developmental psychology[J]. Child Development Perspectives，2018，12（3）：183-188.

[38] Haraway D. A manifesto for cyborgs: Science，technology，and socialist feminism in the 1980s[J]. Australian Feminist Studies，1987，2（4）：1-42.

[39] Boschert S，Rosen R. Digital twin—the simulation aspect，Mechatronic futures[M]// Hehenberger P，Bradley D. Mechatronic Futures: Challenges and Solutions for Mechatronic Systems and their Designers. Cham: Springer，2016: 59-74.

第 7 章

赛博性别研究史

在物理空间中，一个人的性别可以直接通过其外表或行为判断。不同于物理空间，在赛博空间中人类的外表和行为都会被虚拟化，那么人类在赛博空间中是否存在性别？如果存在，人类应如何表示自己的赛博性别？这一系列问题引发了大量学者的研究。另外，机器作为赛博空间中的另一种个体，变得越来越智能化，尤其是一些类人机器人，它们有类人的外表，有些甚至还有类人的情感和思想。对于此类机器，是否应该为它们分配性别也引发了广泛的讨论。本章主要从人和机器两个角度介绍赛博性别的研究历史，以及赛博空间中人和机器性别的研究历程。

本章重点

◆ 赛博性别的起源和表示形式
◆ 赛博空间中人类性别差异的研究
◆ 赛博空间中人类性别交换的研究
◆ 赛博空间中机器性别对人机交互的影响

7.1　赛博空间中人类性别的研究

性别是一个涵盖了生物、社会等学科的综合概念。根据人类的生物和社会属性，性别可分为生理性别和社会性别。生理性别体现了人与生俱来的生理结构上的差异。而社会性别则指由社会或文化构建的一系列男性或女性气质的特征。不同于生理性别，社会性别在不同的社会和文化中都有不同的定义，它代表了人们在各自社会和文化中对性别角色的期望[1]，而这种对性别角色的期望通常会直接反映在一个人的外在特征或行为上。因此，在日常生活中不管是对生理性别还是对社会性别的划分都离不开实际的身体特征和行为。

在赛博空间活动中，人类的生理特征不明显，在现实空间中对性别的划分似乎并不适用。那么，人类在赛博空间中的性别该如何划分？在互联网发展早期，许多长期接触网络的人表示赛博空间比现实空间更加平等。因为他们认为在赛博空间中无法根据身体特征对性别进行分类，即赛博空间将会是一个无性别划分的空间，一切基于性别的不平等也将不复存在[2]。针对这一观点，越来越多的研究人员开始关注赛博空间中人类性别的研究。

1992 年，A. Bruckman 在多用户纯文本社交环境中提出赛博空间中存在性别及其表象形式[3]。随后，一系列研究进一步表明赛博空间中的性别不仅存在而且还具有一种既定的、多重的、流动的属性[4]，相应的基于性别的歧视也依然存在于赛博空间中[5]。得益于赛博空间中便捷的性别呈现方法，人类可以简单地通过鼠标和键盘以喜欢的方式随意地描述自己的性别。例如，在 20 世纪 70 年代至 90 年代，很多人都会在纯文本的社交环境（如 MUD、LambdaMOO 和聊天室等）中创建自己的虚拟角色进行互动与交流。用户仅通过一个字符或符号就可以展示出他们的性别信息[2-3]。进入 21 世纪后，随着互联网上各种应用的发展，图形化界面不断普及，在赛博空间中呈现性别的方式也越来越多。在一些常用社交平台上，人们不仅可以通过特定的字符或符号来表示自己的赛博性别，还可以通过用户名、照片或其他有关的信息表现出自己的赛博性别[6]。在网络游戏中，尤其是大型多人在线角色扮演游戏（如"魔兽世界""最终幻想"等）中，玩家可以自定义虚拟游戏角色的脸型、服饰和动作。通过这些自定义的角色，玩家能展现出男性或女性气质[7]。

基于人类在赛博空间中构建的性别，学者们展开了进一步的研究，研究内容主要包括人类在赛博空间中的性别差异、性别交换行为和性别猜测。

7.1.1 性别差异研究

性别差异是指男性和女性因生理发展的不同而导致在认知、行为、兴趣等方面的差异[8]。这种差异不仅存在于现实空间中，还会体现在赛博空间中。虽然赛博空间中的性别差异在互联网早期已显现，但因为在互联网发展早期男性用户比例较大[9]，缺乏女性的实验样本，很难进行对照实验。因此，对赛博空间中性别差异的研究相对较晚。

自 20 世纪 80 年代到 21 世纪初，随着互联网的不断普及，女性开始广泛参与网络活动，逐渐与男性区分并形成两个群体，但与男性相比，女性仍占少数。1996 年的研究数据显示，当时近 2/3 的网民是男性，男性上网时长占总上网时长的 77%。此时，大部分男性网民已经涉足互联网良久，而一些女性才刚刚接触互联网[9]，这也直接导致了对待计算机或互联网的态度以及互联网使用等方面的性别差异，使其成为当时的研究热点。

1985 年，Wilder Gita 等人在关于对计算机态度的两项调查中发现，与女性相比，男性对于计算机的态度更正面，并且使用计算机的可能性更大[10]。1986 年，Faith D. Gilroy 等人的研究表明，在使用计算机时男性与女性相比会更放松[11]，进一步证实了男性对计算机和互联网的态度比女性更积极。

人们对计算机和互联网技术使用方面的性别差异研究相对较晚。1997 年，J. Morahan-Martin 等人研究发现，男性在使用互联网的大多数方面都比女性熟练，例如玩计算机游戏、在线查找信息、网络社交等[12]。2000 年，Viswanath Venkatesh 和 Michael G. Morris 使用技术接受模型（Technology Acceptance Model，TAM）分析计算机使用的性别差异，结果表明女性和男性使用计算机的侧重点不同，即男性比较在意计算机的有用性，而女性更看重计算机的易用性[13]。2001 年，P. Schumacher 等人的研究也表明了不同性别在对互联网和计算机的态度、互联网和计算机使用经验和技巧方面存在明显的差异。其研究结果表明，与女性相比，男性有更丰富的计算机使用经验以及更熟练的应用技能，并且使用计算机时会获得更多的胜任感和舒适感[14]。在这一时期，大多数人认为互联网是一个技术性很强的男性领域，接受新型技术较慢的女性不太适合这个领域，这使得许多人对女性接触互联网产生了很大的偏见[15]。同时，这种刻板印象也直接导致了当时大部分软件应用主要针对男性。例如，大多数儿童计算机游戏以男性偏爱的动作、冒险、暴力和竞技为主题，只有 23% ～ 33% 的计算机游戏是针对女性而开发[9]。

进入 21 世纪后，不同性别互联网用户的数量差距在逐渐缩小，女性在互联网用户中的比例稳步上升，并逐渐与男性用户数量相当[16]。图 7.1 所示为 Statista 上一则数据显示的 2000—2019 年美国互联网用户的男女比例。而且，进入 21 世纪以来，互联网普及程度进一步提高，不同性别对计算机和互联网的态度和使用技能的差距逐渐变小。同时，随着赛博空间中的应用变多，人类在赛博空间中的行为类型也越来越多，不同性别的行为在赛博空间中也表现出很大的差异。于是，学者们研究的重点逐渐从对计算机和互联网的态度和使用技术的性别差异研究，转向对赛博空间中人类行为的性别差异研究。本节主要分析网络社交和网络游戏行为，介绍其中的性别差异。

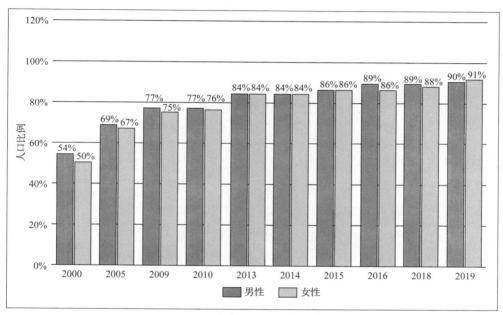

图 7.1　2000—2019 年美国互联网用户的男女比例[16]

　　网络社交是大多数网民在赛博空间中进行的主要活动之一，而在一些社交平台上，不同性别的行为会有巨大差异。为了解其中的差异，研究人员对多个社交网络用户的性别等方面进行了调查。2007 年，Eszter Hargittai 研究了不同种族、性别的大学生用户在社交网络中的行为差异，发现女性比男性更有可能使用社交网络（如 Pinterest、脸书和 Instagram 等），而男性更喜欢参与在线论坛（如 Reddit、Digg 和 Slashdot 等）[17]。2009 年，Tanja Carstensen 对男性和女性在博客发表方面的差异进行了研究，发现大众对女性抱有不太适合谈论政治的刻板印象，导致女性更愿意撰写记录生活的个人博客，而男性更愿意撰写关于政治的新闻博客[18]。2012 年，S. H. Thompson 等人的研究表明，男性和女性使用社交网络的目的也不尽相同。男性使用社交网络的目的倾向于建立新的社交关系，而女性则更倾向于维持原有的社交关系[19]。此外，部分学者对社交网络成瘾的性别差异进行了研究。2017 年，Adriana Biernatowska 等人的研究指出女性通常会比男性更容易沉迷于社交网络，女性使用社交网络的时间要长于男性[20]。网络恋爱作为网络社交的一种形式，也存在性别差异。2016 年，Olga Abramova 等人从动机、偏好、披露、虚假陈述、互动和结果 6 个方面对网恋行为进行了全面的研究和综述[21]。值得注意的是，男性和女性都可能在网上歪曲自己的信息，其中女性倾向于少报自己的体重和年龄，而男性则倾向于强调个人的资产，这也反映了男性和女性在网络恋爱中的偏好差异。

网络游戏是人类在赛博空间中娱乐的主要方式，也存在性别差异。首先，网络游戏一直都是男性主导的领域。2015 年，刘勤学等人对 562 名大学生进行了调研：男性玩家不仅数量要远多于女性玩家，而且男性在所调研种类的游戏中天赋高于女性，游戏频率和时间也明显更长[22]，这可能直接导致了相关游戏中的性别歧视和敌对现象的发生[23]；游戏过程中也会体现出性别差异，与人们的刻板印象一致，女性倾向于选择辅助职业，而男性则更可能扮演战士[24]；女性在游戏中更多的是参与社交，而男性更多的是以竞争为导向[25]。总体来说，无论是男性还是女性在游戏中的行为都符合人类对性别的刻板印象。简而言之，人们对性别的刻板印象会在无形中影响并制约着不同性别的人群在赛博空间中的行为，从而导致赛博空间中的性别差异。

7.1.2　性别交换行为研究

赛博空间中的性别交换（或称性别转换）行为是指互联网用户在赛博空间中表现出与现实中性别不符的行为[26]。这种行为在虚拟社交环境中很常见。为了探究人类在赛博空间中进行性别交换的原因，学术界展开了大量的理论研究。

在互联网早期，由于性别交换行为相对较少，大多数研究和讨论基于一些有争议的案例事件，或一些个人的观察数据[27]，缺乏客观的数据依据，这导致了大部分研究结论相对负面。1996 年，Amy Bruckman 设计了一个开创性的案例研究，即对在基于文本的 MUD 游戏中使用女性角色的男性用户的赛博空间行为进行观察，发现以女性角色登录 MUD 的男性通常都会表现出一种性暗示行为，也就是说男性会在赛博空间中以女性的身份进行一系列的挑逗行为。这种行为不仅会给女性用户带来很多困扰，还有可能会助长赛博空间中此类行为的风气[26]。同年，Howard Rheingold 在其著作《虚拟社群：在计算机世界中寻找连接》（*The Virtual Community：Finding Connection in a Computerized World*）中将赛博空间中的性别交换描述为性别欺骗。该书以 Sue 和 Joan 的事件为例，表明在赛博空间中人类难以抗拒这种欺骗，并呼吁对赛博空间进行监管与治理，以降低此类欺骗的可能性[28]。1997 年，Turkle Sherry 在《屏上生活》（*Life on the Screen*）一书中也将性别交换和欺骗联系起来[29]。简而言之，早期研究认为性别交换是一种欺骗性的行为，这也使得性别交换成为当时讨论的热点话题。

进入 21 世纪，随着网络社交的逐渐普及，越来越多的人在赛博空间中尝试性别交换，因此，学者们能够进行大规模的实验观察并以一种相对客观的态度来研究这种行为。2004 年，John Suler 对性别交换的原因进行了全面的调研，列出了性别交换的一些原因。他的研究尽管没有进行相关实验验证，但是为之后的研究提供了宝贵的思路。随后，学者们对各种网络平台展开了一系列的实验，发现网络游戏中性别交换的现象更为普遍。例如，2006 年，J. J. Lee 等人指出，现代网络游戏，尤其是大型多人在线角色扮演游戏，具有高质量的图形界面，并鼓励玩家相互合作，这为性别交换提供了更好的平台[30]。2008 年，Zaheer Hussain 和 Mark D. Griffiths 的研究也指出，不同于其他网络平台，网络游戏中性别交换的现象更为普遍，约有 54% 的男性玩家和 68% 的女性玩家曾在游戏中尝试过使用异性角色[31]。在研究的过程中，学者大多采用问卷的方式调查玩家，从性别、气质、交流合作、自身便利等方面，对性别交换的原因进行分析。大量研究表明，大多数玩家选择异性角色不一定是为了刻意掩盖他们的真实性别，而仅仅是一种尝试或战略选择[32]。例如，大多数男性玩家认为选择女性角色可能会受益于其他男性玩家，或者只是出于审美或实用目的[31-36]。因为女性更容易添加朋友[36]，一些男性玩家可能出于社交的目的而使用女性角色。除此之外，少数性别交换者希望通过性别交换在网络中找到同性伴侣[35]。2017 年，Yu-Jen Chou 等人使用定性研究方法进一步探索了性别交换行为，从社交互动、避免骚扰、免费礼物、愚弄他人、幻想体验和扮演高级角色 6 个方面对游戏中性别交换的原因进行了全面综述[37]。

7.1.3 性别猜测研究

赛博空间的虚拟性会隐藏人类的身体特征和外表线索，因而赛博空间中的个人可以随意地使用真实或虚假的信息来塑造形象。然而，由于各种原因（如防止身份欺骗、性别欺骗等），了解自己在线对话对象的真实身份非常重要，尤其是性别。因为性别是个人最基本的特征之一，通常与不同的规范、角色和沟通方式联系在一起[38]。因此，如何确定赛博空间参与者的性别是一个值得研究的问题。

在早期的纯文本交流环境中，对话者的语言通常是性别猜测的主要线索，由此产生了大量有关性别间语言差异的研究。许多研究表明，不同性别的对话者在语言风格、语言内容和语言态度等方面存在差异。例如，女性比男性更有可能使用强调副词、疑问词[39]和赞美词[40]等。在语言态度方面，1994 年，S. Herring 的研究发现，女性在网络中的语言会表现出支持和感激的态度，而男性的语言会表现出对抗的态度[41]。性别间语言差异研究为性别猜测研究奠定了基础。例如，2001 年，Rob Thomson 和 Tamar Murachver 使用语言风格来预测人的性别，然后将预测的性别与真实性别进行比较，最终表明利用电子语言中的性别差异来预测性别是可能的，并且人类对这些差异很敏感[42]。

随着自然语言处理技术和人工智能算法的发展，性别猜测变得更加智能。2011 年，Marco Pennacchiotti 等人利用已收集到的个人信息，通过机器学习算法自动推断出用户的性别[43]。2013 年，Wendy Liu 等人以用户名作为推特用户性别的推断依据，开发了一种无须分析用户其他个人资料或发表的内容即可获取推特用户性别标签的方法，并建立了性别标签的数据集[44]。2015 年，Michele Merler 等人提出了一种从用户在社交媒体上发布的图像中提取个人信息（主要是性别信息）的方法[45]。2019 年，Marco Vicente 等人使用用户名、用户描述、推文内容、头像等多种信息源推测推特用户的性别，最后结果对英文数据的推测准确率高达 93.6%[46]。

7.2 赛博空间中机器性别的研究

在赛博空间中，人类可以随意地创建自身的性别，那么同处于赛博空间中的机器，尤其是那些与人类具有相似外表的机器人，是否应该分配性别？这引发了许多人的思考。本节主要以机器人为例，讲述赛博空间中机器性别的研究。

早前人们对机器人性别的讨论大多集中于科幻小说、电影或漫画中。作家在创作的过程中会默认地为机器人分配性别。例如，1927 年，Fritz Lang 执导的电影《Metropolis》中的 Maria 就是第一个以女性形象问世的机器人。1951 年，日本漫画家 Osamu Tezuka 创建了机器人男孩阿童木的形象[47]。

随着世界上第一个人形机器人的诞生，关于机器人性别的讨论逐渐从文学作品走向现实生活，并引发了许多争论。这是由于在现实生活中，机器人的性别可能会带来一些问题。正如 A. Cranny-Francis 所认为的那样，由于机器人是在父权制系统中以男性和女性的形象建造的（因为大部分的人工智能科学家和机器人学家为男性），它们可能会被其主人以某些方式滥用，以进一步加剧性别不公正和不平等，甚至引发性别间的冲突[48]。尽管如此，许多机器人专家还是认为，在一个充满性别规范、性别认同和性别关系的世界，设计机器人并为其分配性别是合理的[49]。还有一些专家认为，为了更好地服务人类，为机器人赋予性别这种社会属性是十分必要的。并且，不仅机器人专家会倾向于为机器人分配性别，人们原本也经常尝试为一些无生命的物体分配性别[49]。因此，在这个以性别为基本属性的社会中，人类都会默认地为机器人分配性别。

不同于人可以通过明显的身体特征来区分性别，机器的性别要如何区分呢？不同的机器人专家有不同的策略，他们要么通过将机器人建模为特定的女性或男性来区分，要么通过赋予它们标准化和刻板的性别特征来区分。例如，A. Powers 等人就是通过一些刻板的性别特征区分性别，即通过声音（"女性"的声音和"男性"的声音）或唇色（粉色是女性，灰色是男性）来划分机器人的性别[50]。Jennifer Robertson 致力于使用机器人模拟真人，他创造的机器人总是有逼真的人类外观[47]，很容易就可以通过外观看出其性别。2019 年，Londa Schiebinger 和 Anna Pillinger 对机器人的性别特征进行了全面的总结，根据声音、姓名、结构、颜色、性格等多个方面对机器人进行性别分配[51-52]。

7.2.1 人机交互中的性别研究

进入 21 世纪后，大量机器人逐渐被应用到人类的日常生活中，包括家庭护理、医疗保健、酒店服务、娱乐、教育等，人与机器人的互动越来越频繁。为了让人类普遍接受人机交互行为，这些机器人大多数都具有 Londa Schiebinger[51] 提到的性别特征，如声音、外观等。因此，为了理解人类与机器人之间的交互，人们对人机交互进行了大量的研究，其中性别特征是人机交互过程中最重要的研究内容之一。正如 Jennifer Robertson 所指出的，大多数关于机器人性别的研究都与人机交互相关，更准确地说可分为两类：人类与不同性别机器人之间的交互，不同性别人类与机器人之间的交互[47]。

性别会直接影响人与人之间的互动。那么机器人的性别是否会影响人机交互，也成为一个值得思考的问题。2013 年，Tatsuya Nomura 和 Kentaro Hayata 发现人类不仅会给机器人分配性别（即使机器人是中性的），而且人类分配的性别会直接影响他们对机器人的行为，比如微笑的次数、与机器人互动的时长等[53]。在另一项实验中，参与者被要求"清除"虚拟角色身上的灰尘。男性和女性参与者对女性机器人施加的力都小于对男性机器人施加的力[51]。上述实验都表明，人类与机器人的互动会受到机器人性别的影响。

此外，不同性别的人与机器人的互动也存在一些差异。例如，2006 年，根据 Tatsuya Nomura 等人进行的一项社会调查，女性对机器人的态度更为消极[54]。2009 年，Kuo 等人发现男性更有可能在未来使用医疗机器人[55]。同样，2012 年，Chun Huang Lin 等人发现男性更有可能在教育中使用机器人。这些研究都表明男性对机器人的态度更积极，更愿意在日常生活中使用它们[56]。此外，不同性别的人更愿意与同性机器人还是异性机器人互动的问题，也引发了讨论。2009 年，Mikey Siegel 等人设计了参与者对异性机器人进行捐赠以确定他们对机器人性别偏好的实验。结果表明，人类更偏好异性机器人[57]。2014 年，Emma Alexander

等人设计了参与者与机器人一起解决难题的实验。结果表明，与异性机器人互动会让人感觉更舒服，合作效率会更高[58]。

7.2.2 机器人的性别与刻板印象

众所周知，人们对性别总会存在一些刻板印象，这些刻板印象会影响与他人互动时对其角色和行为的期望。那么，这种刻板印象是否也存在于机器人之中？

为了回答这个问题，2012 年，Friederike Eyssel 等人设计了一个基于面部特征识别机器人性别的实验，通过改变机器人的头发来让参与者分辨其性别。大多数参与者认为短发机器人是男性，而长发机器人是女性[59]。该实验表明，人类对性别的刻板印象也适用于机器人。这种刻板印象也会导致机器人职业的差异。2014 年，B. Tay 等人调查了机器人性别对机器人职业的影响。结果表明，刻板印象会决定机器人的职业选项[60]，例如，通常人们会在安全领域选择使用男性机器人，在医学领域选择使用女性机器人。

尽管满足性别刻板印象的机器人可以使它们更容易被接受，但刻板印象本质上就是一种性别偏见。设计符合刻板印象的机器人会加剧这种性别偏见和不平等。为了避免这种机器人刻板印象，Londa Schiebinger 提出了实现机器人性别平等的方案[51]，具体如下：挑战当前的性别刻板印象；设计一个可定制的机器人，用户可以对其性别进行选择；设计"无性别"机器人；跳出人类社会关系；设计性别流体机器人；为机器人设计特殊性别。

7.3 赛博空间性别研究发展探讨

无论是在对赛博空间中人类性别的研究中，还是在对赛博空间机器性别的研究中，不难发现赛博空间中也充满了性别不平等，尤其是对女性的不平等。并且这种不平等还会因赛博空间的虚拟性、快速传播能力而进一步扩大，甚至会引起人类在赛博空间中基于性别的网络暴力[61]。

2015 年，联合国的一项调查表明，网络暴力的流行率远高于线下，大约有

73% 的女性曾接触或经历过某种形式的网络暴力。例如，他人滥用技术对其进行网络攻击、欺骗或监视，或他人发布内容时对其进行负面评论、嘲讽、性暗示和骚扰等。尽管互联网在加剧性别不平等的同时，也提供了一个合适的追求性别平等的平台，将追求性别平等的人类团结在一起，使他们可以在互联网媒体上发表性别平等的理论和见解、传播性别平等的理念[18]，但不幸的是，虽然网络环境提供了表达和披露性别平等思想的机会，但互联网上仍然存在歪曲性别平等、否认性别歧视的现象[61]。此外，对机器人的刻板印象也可能反映了许多性别间的不平等[60]。

因此，要创造一个男女平等的世界，仍然需要人类线上、线下的共同努力。许多呼吁性别平等的组织机构都在为之奋斗，例如联合国妇女地位委员会、联合国妇女署等。

虽然赛博空间是一个虚拟的空间，但它仍然是现实空间的延伸。它只是从技术层面为人类提供了一个新的生活空间，并不能从根本上改变人们的性别关系和性别刻板印象。现实生活中的性别不平等，同样会映射到赛博空间中。但与此同时，互联网也为促进性别平等、研究性别关系提供了良好的平台。因此，有必要对赛博性别研究的历史进行探索。

参考文献

[1] O'NEIL J M. Patterns of gender role conflict and strain: Sexism and fear of femininity in men's lives[J]. The Personnel and Guidance Journal，1981，60（4）：203-210.

[2] Kendall L. Meaning and identity in "cyberspace"：The performance of gender，class，and race online[J]. Symbolic Interaction，1998，21（2）：129-153.

[3] Bruckman A. Identity workshop[J]. Emergent social and psychological，1992.

[4] Flanagan M. Navigating the narrative in space: Gender and spatiality in virtual worlds[J]. Art Journal，2000，59（3）：74-85.

[5] McCormick N，Leonard J. Gender and sexuality in the cyberspace frontier[J]. Women

& Therapy，1996，19（4）：109-119.

[6] Herring S C，Kapidzic S. Teens，gender，and self-presentation in social media[J]. International Encyclopedia of Social and Behavioral Sciences，2015，2: 1-16.

[7] Eklund L. Doing gender in cyberspace: The performance of gender by female World of Warcraft players[J]. Convergence，2011，17（3）：323-342.

[8] 陈越. 网络用户互联网产品使用行为的性别差异研究 [D]. 哈尔滨：哈尔滨工业大学，2015.

[9] Morahan-Martin J. The gender gap in Internet use: Why men use the Internet more than women—a literature review[J]. CyberPsychology & Behavior，1998，1（1）：3-10.

[10] Wilder G，Mackie D，Cooper J. Gender and computers: Two surveys of computer-related attitudes[J]. Sex roles，1985，13（3）：215-229.

[11] Gilroy F D，Desai H B. Computer anxiety: Sex，race and age[J]. International Journal of Man-Machine Studies，1986，25（6）：711-719.

[12] Morahan-Martin J，Schumacher P. Gender differences in Internet usage，behavior，and attitudes among undergraduates[C]. Proceedings of the 7th International Conference on Human-Computer Interaction（HCI）. NY: ACM，1997: 122.

[13] Viswanath V，Morris M G. Why don't men ever stop to ask for directions? Gender，social influence，and their role in technology acceptance and usage behavior[J]. MIS Quarterly，2000，24（1）：115-139.

[14] Schumacher P，Morahan-Martin J. Gender，Internet and computer attitudes and experiences[J]. Computers in human behavior，2001，17（1）：95-110.

[15] Griffiths M D. Are computer games bad for children?[J]. The Psychologist: Bulletin of the British Psychological Society，1993，6: 401-407.

[16] Ono H，Zavodny M. Gender and the Internet[J]. Social Science Quarterly，2003，84（1）：111-121.

[17] Hargittai E. Whose space? Differences among users and non-users of social network sites[J]. Journal of Computer-Mediated Communication，2007，13（1）：276-297.

[18] Carstensen T. Gender Trouble in Web 2.0 gender perspectives on social network

sites，wikis and weblogs[J]. International Journal of Gender，Science and Technology，2009，1（1）：106-127.

[19] Thompson S H，Lougheed E. Frazzled by Facebook? An exploratory study of gender differences in social network communication among undergraduate men and women[J]. College Student Journal，2012，46（1）：88-98.

[20] Biernatowska A，Balcerowska J M，Bereznowski P. Gender differences in using Facebook—preliminary analysis[J]. Psychology，2017: 13-18.

[21] Abramova O，Baumann A，Krasnova H，et al. Gender differences in online dating: What do we know so far? A systematic literature review[C]. Proceedings of the 49th Hawaii International Conference on System Sciences. NJ: IEEE，2016: 3858-3867.

[22] 刘勤学，陈武，周宗奎. 大学生网络使用与网络利他行为：网络使用自我效能和性别的作用 [J]. 心理发展与教育，2015，31（6）：685-693.

[23] 吴月鹏. 网络游戏玩家的刻板印象——暴力线索与性别线索 [D]. 武汉：华中师范大学，2016.

[24] DiGiuseppe N，Nardi B. Real genders choose fantasy characters: Class choice in world of warcraft[R]. First Monday，2007.

[25] 王雪蒂. 基于女性玩家分析的网络游戏系统设计 [D]. 厦门：厦门大学，2017.

[26] Bruckman A. High noon on the electronic frontier: Conceptual issues in cyberspace. US: MIT Press，1996.

[27] Roberts L D，Parks M R. The social geography of gender-switching in virtual environments on the Internet[J]. Information，Communication & Society，1999，2（4）：521-540.

[28] Rheingold H. The virtual community: Finding connection in a computerized world[M]. UK: Addison-Wesley Longman Publishing Co. Inc.，1993.

[29] Sherry T. Life on the screen[M]. New York: Simon & Schuster Paperbacks，1997.

[30] Lee J J，Hoadley C M. Online identity as a leverage point for learning in massively multiplayer online role playing games（MMORPGs）[C]. Proceedings of the Sixth IEEE International Conference on Advanced Learning Technologies. NJ: IEEE，

2006: 761-763.

[31] Hussain Z, Griffiths M D. Gender swapping and socializing in cyberspace: An exploratory study[J]. CyberPsychology & Behavior, 2008, 11（1）: 47-53.

[32] Martey R M, Stromer-Galley J, Banks J, et al. The strategic female: Gender-switching and player behavior in online games[J]. Information, Communication & Society, 2014, 17（3）: 286-300.

[33] Boler M. Hypes, hopes and actualities: New digital Cartesianism and bodies in cyberspace[J]. New Media & Society, 2007, 9（1）: 139-168.

[34] Yee N. Maps of digital desires: Exploring the topography of gender and play in online games[J]. Beyond Barbie and Mortal Kombat: New Perspectives on Gender and Gaming, 2008: 83-96.

[35] Huh S, Williams D. Dude looks like a lady: Gender swapping in an online game [J]. Online Worlds: Convergence of the real and the Virtual, Human-Computer Interaction Series, 2010: 161-174.

[36] Paik P C H, Shi C K. Playful gender swapping: User attitudes toward gender in MMORPG avatar customization[J]. Digital Creativity, 2013, 24（4）: 310-326.

[37] Chou Y J, Lo S K, Teng C I. Reasons for avatar gender swapping by online game players: A qualitative interview-based study[J]. In Discrimination and Diversity: Concepts, Methodologies, Tools, and Applications, 2017: 202-219.

[38] Herring S C, Martinson A. Assessing gender authenticity in computer-mediated language use: Evidence from an identity game[J]. Journal of Language and Social Psychology, 2004, 23（4）: 424-446.

[39] McMillan J R, Clifton A K, McGrath D, et al. Women's language: Uncertainty or interpersonal sensitivity and emotionality?[J]. Sex Roles, 1997, 3（6）: 545-559.

[40] Holmes J. Paying compliments: A sex-preferential politeness strategy[J]. Journal of Pragmatics, 1988, 12（4）: 445-465.

[41] Herring S. Bringing familiar baggage to the new frontier: Gender differences in

computer-mediated communication[M]. Selzer J. Conversations. Boston: Allyn & Bacon, 1996: 1069-1082.

[42] Thomson R, Murachver T. Predicting gender from electronic discourse[J]. British Journal of Social Psychology, 2001, 40（2）: 193-208.

[43] Pennacchiotti M, Popescu A M. A machine learning approach to twitter user classification[C]. Proceedings of the International AAAI Conference on Web and Social Media. Menlo Park: AAAI, 2011, 5（1）: 281-288.

[44] Liu W, Ruths D. What's in a name? Using first names as features for gender inference in Twitter[C]. Proceedings of the 2013 AAAI Spring Symposium Series. Menlo Park: AAAI, 2013: 10-16.

[45] Merler, L C, Smith J R. You are what you tweet… pic! Gender prediction based on semantic analysis of social media images[C]. Proceedings of the IEEE International Conference on Multimedia and Expo. NJ: IEEE, 2015: 1-6.

[46] Vicente M, Batista F, Carvalho J P. Gender detection of Twitter users based on multiple information sources[J]. Interactions Between Computational Intelligence and Mathematics Part 2, 2019, 794: 39-54.

[47] Robertson J. Gendering humanoid robots: Robo-sexism in Japan[J]. Body & Society, 2010, 16（2）: 1-36.

[48] Cranny-Francis A. Is data a toaster? Gender, sex, sexuality and robots[J]. Palgrave Communications, 2016, 2（1）: 1-6.

[49] Carpenter J, Davis J M, Erwin-Stewart N, et al. Gender representation and humanoid robots designed for domestic use[J]. International Journal of Social Robotics, 2009, 1（3）: 261.

[50] Powers A, Kramer A D, Lim S, et al. Eliciting information from people with a gendered humanoid robot[C]. Proceedings of the IEEE International Workshop on Robot and Human Interactive Communication. NJ: IEEE, 2005: 158-163.

[51] Schiebinger L. The Robots are coming! But should they be gendered ？ [EB/OL].

[2022-6-12].

[52] Pillinger A. Literature Review: Gender and Robotics [EB/OL]. [2022-6-12]. der_in_
der_Forschung/GEECCO_Results/Additional_resources_and_literature_reviews/
GEECCO_WP6_Literature_Review_Gender_and_Robotics.pdf.

[53] Nomura T，Hayata K. Influences of gender values into interaction with agents:
An experiment using a small-sized robot[C]. Proceedings of the 1st International
Conference on Human-Agent Interaction. 2013.

[54] Nomura T，Suzuki T，Kanda T，et al. Measurement of negative attitudes toward
robots[J]. Interaction Studies，2006，7（3）：437-454.

[55] Kuo I H，Rabindran J M，Broadbent E，et al. Age and gender factors in user
acceptance of healthcare robots[C]. Proceedings of the18th IEEE International
Symposium on Robot and Human Interactive Communication. NJ: IEEE，2009:
214-219.

[56] Lin C H，Liu E Z F，Huang Y Y. Exploring parents' perceptions towards
educational robots: Gender and socio-economic differences[J]. British Journal of
Educational Technology，2012，43（1）：31-34.

[57] Siegel M，Breazeal C，Norton M I. Persuasive robotics: The influence of robot
gender on human behavior[C]. Proceedings of the 2009 IEEE/RSJ International
Conference on Intelligent Robots and Systems. NJ: IEEE，2009: 2563-2568.

[58] Alexander E，Bank C，Yang J J，et al. Asking for help from a gendered robot[C].
Proceedings of the Annual Meeting of the Cognitive Science Society. Seattle:
Cognitive Science Society，2014，36（36）：2333-2338.

[59] Eyssel F，Hegel F.（S）he's got the look: Gender stereotyping of robots[J]. Journal
of Applied Social Psychology，2012，42（9）：2213-2230.

[60] Tay B，Jung Y，Park T. When stereotypes meet robots: The double-edge sword of
robot gender and personality in human-robot interaction[J]. Computers in Human
Behavior，2014，38: 75-84.

[61] Rodríguez-Darias A J，Aguilera-Ávila L. Gender-based harassment in cyberspace[J]. The Case of Pikara magazine，In Women's Studies International Forum，2018，66: 63-69.

第 8 章

赛博空间伦理研究

赛博空间的诞生虽然极大地方便了人们的生活，但是，它使原有的社会关系变得更复杂，引发了一系列新的伦理道德问题，例如，侵犯个人的隐私、网络盗窃、网络诈骗、发布及传播虚假信息等[1]。如何避免赛博空间中存在的这些负面影响？如何使人"合理"并"善意"地使用网络技术？随着人工智能的发展，人工智能在将来又会引发哪些新的伦理问题？这些问题都受到了学者们的广泛关注，他们以现代网络技术引发的伦理问题作为研究对象，展开了一系列赛博空间伦理（简称赛博伦理）研究。本章将介绍赛博伦理研究的起源和发展，以及应对赛博伦理问题的治理手段，并对未来人工智能可能引发的伦理问题进行讨论。

本章重点

◆ 赛博伦理的发展过程

◆ 赛博伦理的治理手段

◆ 人工智能引发的伦理问题

8.1 赛博伦理的起源和发展

赛博伦理（Cyberethics），又叫网络伦理，是应用伦理学的一个新领域，是指人们在网络活动中应遵守的道德规范[1,2]，即在赛博空间中调节人与人、人与社会之间利益关系的行为规范和道德价值观念[3]。赛博伦理的概念最开始起源于计算机伦理。在计算机问世之初，人类只是将计算机作为一种高级的计算工具，当时还不存在计算机伦理问题。随着计算机的功能不断丰富，人类使用计算机的过程中会产生许多伦理问题。为应对这些问题，科学家们迫切地寻求解决办法。MIT 的计算机科学家诺伯特·维纳（Norbert Wiener）可能是最早关注计算机伦理问题的人。20 世纪 40 年代初期，他在使用计算机进行控制论研究的过程中，十分敏锐地预见到计算机的应用会对人类的伦理道德产生严重的冲击[4]。然而当时计算机的普及率还不高，仅有一些专业领域的科学家使用，Norbert Wiener 的结论并没有引起人类对计算机伦理问题的重视。1950 年，Norbert Wiener 又出版了《人有人的用处》（*The Human Use of Human Beings*），在该书中他积极地探讨了计算机技术对诸如生命、自由、安全等人类核心价值的影响，尽管该书并没有使用"Computer Ethics"这一术语，但也为计算机伦理的研究明确了方向，使他成为计算机伦理研究当之无愧的奠基者[5]。20 世纪 60 年代中期，随着计算机的不断普及，计算机犯罪事件也频繁发生，严重地威胁了当时的公共安全，使得学者 Donn B. Parker 迫切地希望制定一个与计算机相关的道德准则。在研究了大量与计算机从业人员相关的犯罪和不道德行为案例后，他于 1968 年在《ACM 通讯》（*Communications of the ACM*）① 上发表了《信息处理中的道德规则》（*Rules of Ethics in Information Processing*）一文，并领导制定了第一个计算机职业行为准则。此后，他也一直致力于计算机伦理的研究，成为继维纳之后第二个对计算机伦理做出重大贡献的人[6]。20 世纪 60 年代后期，MIT 的计算机科学家 Joseph Weizenbaum 编写了一个可以模拟心理治疗师的计算机程序 ELIZA，引发了许多人对于计算机是否可以替代人类这个伦理问题的思考。为了进一步阐明观点，20 世纪 70 年代初期，Joseph Weizenbaum 出版了《计算机能力与人类理性》（*Computer Power and Human Reason*），该书也是计算机伦理研究起步的标志性书籍[7]。到 20 世纪 70 年代中期，学者们对计算机伦理已有了一定的理解后，"Computer Ethics"这个术语才被美国俄亥俄州博林格林州立大学（Bowling Green State University）的媒体伦理课教师 Walter Mane 首次提出，作为新的应用伦理方向来解决计算机技术带来的伦理问题[8]。

自 20 世纪 80 年代起，计算机在各行业中被广泛使用，计算机技术引发的伦理问题在欧美国家成为公共问题（如计算机故障引发的问题、计算机犯罪、计算机数据泄露等），对计算机伦理的研究也开始盛行起来。1985 年，在美国著名哲学杂志《元哲学》（*Metaphilosophy*）上，James Moor 发表的《什么是计算机伦理学？》（*What is Computer Ethics?*）与 Terrell Bynum 发表的《计算机与伦理学》（*Computers and Ethics*）明确了计算机伦理的定义以及研究计算机伦理的原

---

① ACM 指 Association for Computing Machinery，常译为美国计算机学会。

因和意义，成为计算机伦理研究兴起的重要理论标志[9]。随后，学术界开始广泛关注计算机技术的应用引发的伦理问题，计算机伦理的研究有了很大的发展，各种研究实验、论文期刊、学术会议层出不穷。例如，1986 年，美国管理信息科学专家 Richard O. Mason 根据当时的计算机使用情况提出了 4 个议题，即信息隐私权、信息正确性、信息产权和信息资源访问权[10]。20 世纪 80 年代后期，长期关注及研究计算机从业人员实践标准的 Donald Gotterbarn 出版了早期专门为计算机从业人员制定的行为标准《ACM 职业行为规范》（*ACM Code of Professional Conduct*）[11]。

20 世纪 90 年代早期，第一次与计算机伦理相关的国际会议在 Terrell Bynum 与 Walter Mane 的组织下顺利召开。该会议召集了不同领域的专家进行讨论，极大地推动了计算机伦理的发展[8]。而且，《信息伦理》期刊（*Journal of Information Ethics*）也在 20 世纪 90 年代早期开始发行，它是较早的与计算机伦理研究相关的期刊。20 世纪 90 年代中期，因特网的应用使计算机伦理研究进入一个更加成熟的阶段，正如 Simon Rosen 所言：20 世纪 90 年代中期见证了第二代计算机伦理研究的开始[11]。在这一时期，网络技术迅速兴起，数据爆炸式增长，人类不仅单独使用计算机设备，更多情况下会将多台不同的设备通过互联网连接起来，最终形成赛博空间。在这个虚拟的空间中人与人之间匿名交流，个人的行为更容易摆脱道德的约束，引发了越来越多新的伦理问题，并且这些伦理问题还会随着网络技术的不断发展变得越来越复杂。

进入 21 世纪后，中国学者苗伟伦从网络技术行为表现的角度指出：人们在赛博空间中更容易发布色情内容、传播虚假信息、进行网络诈骗，以及推行文化霸权主义等[12]。2006 年，中国学者张小红又从伦理构成、技术使用、网络与社会的关系等多个方面分析了网络中的道德规范问题[13]。国外还有学者总结了一些网络技术引发的伦理问题，即盗版问题、隐私问题、色情问题、人格问题、心理问题、政策制定问题和网络安全问题[11]。

在互联网时代，之前计算机伦理所设定的研究内容在面对网络社会时显得有些落伍。为切实解决网络技术和信息爆炸所引发的伦理问题，计算机伦理的研究范围和重点逐渐转向两个方向，即赛博伦理方向（以研究随网络技术兴起后产生的道德问题为主）和信息伦理（Information Ethics）方向（以研究信息生成、加工、传播等过程中的道德问题为主）[14]。因此，赛博伦理和信息伦理都是计算机伦理研究发展的更高阶段，与计算机伦理相比，更为全面和深刻[4]。但根据目前的研究来看，计算机伦理、赛博伦理和信息伦理也是相通的，三者研究的内容基本相同，甚至在某些情况下可以相互替换[14]。由于当前赛博空间中的道德问题相对突出，故研究的重点主要集中于赛博伦理研究。例如，2001 年，Alison Adam[15-16] 表示女权主义伦理可以为赛博伦理提供一种集体主义方法。2005 年，Robert J. Cavalier 在《互联网对道德生活的影响》（*The Impact of the Internet on Our Moral Lives*）一书中积极探索了网络对人类道德产生的影响[17]。2009 年，中国学者万峰表示不仅网络本身会改变人类的道德观念，网络中的文化同样也会影响人类的道德观念和价值观[18]。2010 年，Richard A. Spinello 主要从内容控制、言论自由、知识产权以及隐私与安全这四个方面研究了由网络带来的社会成本和伦理问题，引发了对赛博空间治理的思考[19]。2008 年，Maslin Masrom 等人研究了个人身份（如性别、宗教、组织级别等）与赛博伦理意识之间的关系，并讨论了如何避免计算机及网络技术的滥用[20]。2011 年，Portia Pusey 和 William A. Sadera 对教师的赛博伦理道德教学能力进行测试，发现教师对赛博伦理的认识有限，并建议教师在教学过程中提高自己的伦理意识[21]。2014 年，J. M. Kizza 研究了网络安全与赛博伦理之间的关系，并撰文对网络故意破坏、赛博犯罪、赛博空间基础设施损害、信息安全协议等内容进行了讨论[22]。

8.2 赛博伦理的治理

由于网络的范围、匿名性和再现性[23]打破了原有的道德准则和治理模式。如果不建立针对性的规约制度和监管模式，很多人会利用原有规则的"漏洞"将赛博空间变成不受道德和法律约束的"不法之地"。在赛博伦理规约和管理体制还不健全的情况下，人类似乎可以不受约束地在赛博空间中发表不当言论、侵犯他人的隐私、对他人实施欺诈，甚至使用网络技术实施赛博犯罪行为，包括严重侵犯国家和个人利益的行为。因此，为了打造和谐文明的赛博空间环境，加强赛博伦理规约和管理建设必不可少。

对赛博伦理的规约和管理,不仅需要提高计算机从业者和网民的素质,还要依靠各种国家法律和国际规约。正如 Richard A. Spinello 所说:"网络管理要有三个基本管理模式,即自我管理、国家直接干预、国际协调干预,旨在减少赛博伦理问题的发生。无论使用何种方法管理网络,人类的核心权利必须被保护,这包含自主权、隐私权、自由权等。"[19]本节将从个人、国家、国际三个角度介绍赛博伦理的治理。

营造一个和谐的赛博空间环境需要每个网民的共同努力,如果每一个人在赛博空间中都能自觉地遵守赛博伦理道德要求,那么一切赛博伦理问题都能够迎刃而解。提高赛博道德水平的首要任务就是进行赛博伦理教育。1976 年,Walter Mane 率先开设了计算机伦理相关课程。他还自行出版并传播他的计算机伦理教学材料,为之后计算机伦理及网络伦理的教育奠定了基础。自此之后,许多大学也纷纷开设了相关课程[8]。1979 年,Terrell Bynum 在南康涅狄格州立大学(Southern Connecticut State University)开设了计算机伦理课程。1985 年,Deborah Johnson 出版的《计算机伦理学》(Computer Ethics)是公认的第一本正式的计算机伦理教材。1996 年,罗切斯特大学(University of Rochester)也开设了计算机伦理学相关课程。进入 21 世纪后,计算机及网络伦理的教育迅速发展,不仅许多高校都开设了相关课程,而且还开展了大量的相关研究。2005 年,Janna J. Baum 讨论了学校教育中的赛博伦理问题,表示随着越来越多的教育者将技术融入课堂,基于教育技术的伦理问题将会变得更加突出[24]。2006 年,Michael J. Quinn 认为在计算机科学课程中教授计算机伦理是有益的,列举了计算机伦理课程可以涵盖的主题,并为课程提出了建议[25]。2008 年,Maslin Masrom 和 Zuraini Ismail 调查了一些大学生的计算机伦理和安全意识。他们发现计算机专业学生的计算机伦理意识略高于其他专业[20]。2009 年,Abdullah Kuzu 进行了一项信息通信专业学生和计算机相关从业者对计算机伦理理解和定义情况的调查。结果显示,尽管大多相关人员都不能准确地说出计算机伦理的定义,但都肯定了计算机伦理及其教育的重要性[26]。

人类在网络活动中人际情感疏远、无政府主义泛滥,很容易产生许多不规范的行为：小到发布恶意言论，大到挑拨国家、地区的关系。通过赛博伦理道德教育，虽然能使大多数人自觉地约束自身行为，但仍然有少数人会不断地挑战伦理道德的底线。因此，各国需要根据本国国情制定相应的法律，规范人类网络行为，并成为赛博伦理治理的有效手段，一些国家的相关法律如表 8.1 所示。

表 8.1 一些国家的赛博伦理相关法律

国家	法律
美国	《通信净化法》
	《反恐怖法》
	《信息自由法》
	《计算机安全法》
德国	《信息和通信服务法》
英国	《R3 安全网络协议》
法国	《菲勒修正案》
俄罗斯	《俄罗斯联邦信息、信息化和信息保护法》
日本	《高度信息通信网络社会形成基本法》
新加坡	《网络行为法》
印度	《信息技术法案》
中国	《电子计算机系统安全规范（试行草案）》
	《中华人民共和国计算机信息网络国际联网管理暂行规定》
	《中国公众多媒体通信管理办法》

随着互联网的发展，网络突破了国家的界限，将世界联系在了一起，一个人可以通过网络与任意一个国家的人建立联系。在网络横跨全球的同时，其消极影响的范围也随之扩大，各种跨国网络犯罪层出不穷。为了保证世界网络环境的健康，同时防止不法分子通过逃离管辖国逃脱法律的制裁，需要在全世界范围内建立一些能够跨越不同国家、地区和民族的普适性基本原则，作为人类共同遵守的准则。20 世纪 80 年代起，许多机构就开始制定一些赛博伦理道德规范。例如，1989 年，由因特网架构委员会（Internet Architecture Board，IAB）发布的 RFC1087 中规定了五种不道德赛博行为。1992 年，由计算机伦理协会（Computer Ethics Institute）制定的《计算机伦理戒条》（*Ten Commandments of*

Computer Ethics）为使用计算机确立了十条准则。1992 年，美国计算机学会通过的《ACM 伦理与职业行为准则》（*ACM Code of Ethics and Professional Conduct*）规定了八条基本道德规则。美国南加利福尼亚大学（University of Southern California）在《网络伦理声明》（*Network Ethics Statement*）中对六种不道德网络行为进行了明确的谴责。上述规范的具体内容详见表 8.2。

表 8.2　一些国际赛博伦理规范的内容

规范名称	内容
RFC1087	五种不道德赛博行为： 1. 未经授权访问 Internet 资源的行为 2. 破坏互联网预期用途的行为 3. 浪费资源（人员、能力、计算机）的行为 4. 破坏计算机中信息完整性的行为 5. 损害用户隐私的行为
《计算机伦理戒条》	1. 不应当用计算机去伤害别人 2. 不应当干扰别人的计算机工作 3. 不应当偷窥别人的文件 4. 不应当用计算机偷盗 5. 不应当用计算机作伪证 6. 不应当使用或复制没有付过钱的软件 7. 不应当未经许可使用别人的计算机资源 8. 不应当盗用别人的智力成果 9. 应当考虑所编制程序的社会后果 10. 应当以深思熟虑和审慎的态度使用计算机
《ACM 伦理与职业行为准则》	1. 为社会和人类的美好生活做出贡献 2. 避免伤害其他人 3. 做到诚实可信 4. 恪守公正并在行为上无歧视 5. 尊重包括版权和专利在内的财产权 6. 对智力财产赋予必要的认可 7. 尊重其他人的隐私 8. 保守机密
《网络伦理声明》	六种不道德网络行为： 1. 有意地造成网络混乱或擅自闯入网络及与其相连的系统 2. 商业性或欺骗性地利用大学计算机资源 3. 偷窃资料、设备或智力成果 4. 未经许可访问他人的文件 5. 在公共用户场合做出引起混乱或造成破坏的行为 6. 伪造电子函件信息

8.3 赛博伦理展望：人工智能伦理问题

人工智能技术是一项颠覆性的技术。在未来几年或几十年内，人工智能技术必然会引起生力力、生产关系和生产方式的改变，重构人类的社会关系和生活方式。这既是机遇也是挑战：一方面，人工智能能够极大地解放人类的生产力束缚，大幅提高生产效率，例如，图像识别、语音识别、自动驾驶、虚拟助理、个性化推荐、智能机器人等被广泛应用于各行各业中，极大地方便了人类的生产生活；另一方面，人工智能算法的局限性、信息的不透明性和不对称性，以及不可避免的信息技术知识和技术门槛，客观上会引发许多新的伦理问题。本节将对人工智能所引发的伦理问题进行介绍。

人工智能技术的广泛应用会加剧社会中的歧视和不平等现象。人工智能算法需要大量的数据训练，如果在设计算法的过程中带有偏见或者训练的数据过于片面，都会导致歧视问题。例如，微软开发的聊天机器人 Tay 由于被输入了大量的恶意数据，在与用户聊天的过程中表现出了很强的性别歧视和种族歧视倾向，从而加剧了社会中的性别和种族不平等现象。

人工智能也可能引发人类的就业问题。人工智能诞生的目的就是解放人力、实现自动化，使生产活动更快、更便捷。使用智能机器进行生产不仅效率高、误差小，而且成本更低。这就导致大量的公司和工厂倾向于将资金投入智能机器而减少员工的招募，从而使就业问题更严峻。麦肯锡公司的一份报告显示，到2030 年，全球预计将会有 8 亿个工作岗位消失，大量的工作将会被人工智能取代。例如，会计工作会逐渐被财务机器人取代，翻译工作会逐渐被各种翻译机取代，随着自动驾驶技术的发展，甚至司机也可能会被人工智能取代。

人工智能将挑战传统的道德和法律。随着情感计算和类脑智能的发展，机器人逐渐趋同于人类，并有着性别和与人类相似的情感，他们能根据人类的喜怒哀乐做出相应的反应，这必然会对法律和道德产生影响。例如，2017 年，智能性爱机器人问世，在一定程度上对人类的伴侣、恋爱、婚姻、家庭道德观念产生影响，并引发侵犯肖像权等法律问题。人工智能为法律与道德带来的问题还有很多。例如，人工智能算法是基于预设的价值观准则还是依赖自我学习的计算后果？自动驾驶发生事故时，责任人是车上的人还是自动驾驶系统的设计者？人类的大脑和计算机连接后，这个人究竟是人还是机器？这些问题还需要做进一步的研究。

人工智能会加剧对隐私权的侵犯。一方面，基于大数据和深度学习的人工智能算法需要输入海量的训练数据，为获得训练数据，很可能会带来盗取数据、侵犯他人隐私、信息泄露的风险。例如，在未经允许的情况下使用爬虫程序爬取相关训练数据。另一方面，各种人工智能的应用（如移动支付、个性化推荐、智能导航等）在给人类提供便利的同时，也会获取人类的位置、财富、兴趣爱好、健康状况等信息。如果这些信息被不良商家甚至犯罪分子掌握，会对个人的生活、财产甚至是生命健康造成严重的影响。

过度依赖人工智能会影响人的身体健康并阻碍人的全面发展。人工智能能够解放人类的双手和大脑，但是也会加剧人的惰性，使个人的能力下降。当前一个普遍的现象就是人类对手机过度依赖，这势必会阻碍人类的发展。不仅如此，长期沉迷电子设备还会给人类的身体健康造成极大影响（参见第 3 章）。而且，当今智能设备极大地方便了人类的生活，机器越来越智能，人类需要活动或者思考的机会变得更少。

人工智能还可能会威胁人类安全。著名物理学家斯蒂芬·霍金曾说过："人工智能的发展可能导致人类的终结"。该观点也得到特斯拉、微软等企业高管的认同。这些担心是有道理的，例如，现代武器（如无人机、精准制导武器、智能作战机器人等）大多嵌入了智能芯片，用来跟踪、识别、摧毁目标。如果人工智能被赋予伤害或欺骗人类的能力，这将会是人类文明的灾难，后果难以想象。

人工智能技术是一把双刃剑，它的好处是显而易见的，但它产生伦理问题也是不可避免的。对于人工智能可能带来的种种问题和危机，人类也不必过于恐慌，因为一切智能产品和智能算法都是由人类设计开发的，如果开发的过程能够得到有效监管、实际应用中的伦理道德能够得到切实关注，避免触及人类的底线和禁区，力争趋利避害，就可以使人工智能技术更好地发挥其价值。

参考文献

[1] 弋红丽. 对当代网络伦理问题的综述 [J]. 边疆经济与文化，2010，4（10）：66-67.

[2] 黄巧玲. 网络伦理困惑探析 [J]. 洛阳师范学院学报，2002，1：30-33.

[3] 肖应连. 网络伦理学的发展与思考 [J]. 湖南省政法管理干部学院学报，2002，18（4）：99-101.

[4] Spinello R A，Tavani H T. Readings in cyberethics[M]. US: Jones & Bartlett Learning，2001.

[5] Wiener N. The human use of human beings: Cyberethics and society[M]. Japan: Da Capo Press，1988.

[6] Parker D B. Rules of ethics in information processing[J]. Communications of the ACM，1968，11（3）：198-201.

[7] Rising G R，Weizenbaum J，Freeman W H. Computer power and human reason: From judgment to calculation[J]. The American Mathematical Monthly，1978，85（5）：394.

[8] Vacura M. The history of computer ethics and its future challenges，information technology and society interaction and interdependence[C]. Proceedings of the 23rd Interdisciplinary Information Management Talks. Linz: TRAUNER Druck GmbH & Co KG，2015: 325-333.

[9] 王正平. 现代伦理学 [M]. 北京：中国社会科学出版社，2001.

[10] Mason R O. Four ethical issues of the information age[J]. MIS Quarterly，1986: 5-12.

[11] 宋吉鑫. 网络伦理学研究 [M]. 北京：科学出版社，2012.

[12] 苗伟伦. 网络伦理的初步建构 [J]. 浙江海洋学院学报（人文科学版），2003，4（1）：40-44.

[13] 张小红. 网络伦理问题研究综述 [J]. 中国电化教育，2006，4（9）：19-22.

[14] 罗艳华. 青少年网络道德教育研究 [D]. 贵阳：贵州师范大学，2006.

[15] Adam A. Computer ethics in a different voice[J]. Information and Organization，2001，11（4）：235-261.

[16] Adam A. Gender，ethics and information technology[M]. New York: Palgrave Macmillan，2005.

[17] Cavalier R J. Impact of the internet on our moral lives[M]. New York: The SUNY Press，2005.

[18] 万峰. 网络文化对大学生伦理道德影响的研究 [D]. 上海：上海师范大学，2009.

[19] Spinello R A. Cyberethics: Morality and law in cyberspace[M]. New England: Jones and Bartlett Publisher Inc.，2010.

[20] Masrom M，Ismail Z. Computer security and computer ethics awareness: A component of management information system[C]. Proceedings of the 2008 International Symposium on Information Technology. NJ: IEEE，2008，3: 1-7.

[21] Pusey P，Sadera W A. Cyberethics，cybersafety，and cybersecurity: Preservice teacher knowledge，preparedness，and the need for teacher education to make a difference[J]. Journal of Digital Learning in Teacher Education，2011，28（2）: 82-85.

[22] Kizza J M. Computer network security and cyberethics[J]. Library Review，2002，51（9）: 481-482.

[23] Johnson D G. Ethics online[J]. Communications of the ACM，1997，40（1）: 60-65.

[24] Baum J J. Cyberethics: The new frontier[J]. TechTrends，2005，49（6）: 54.

[25] Quinn M J. On teaching computer ethics within a computer science department[J]. Science and Engineering Ethics，2006，12（2）: 335-343.

[26] Kuzu A. Problems related to computer ethics: Origins of the problems and suggested solutions[J]. Online Journal of Educational Technology，2009，8（2）: 1-20.

第 9 章

赛博文化与艺术

赛博空间的出现不仅改变了人类的日常生活方式，也对文化与艺术产生了深远的影响：传统的文化与艺术经过数字化技术映射到赛博空间；不同类型的文化与艺术在赛博空间中相互交流、相互影响；同时，赛博空间中还出现了许多新的文化与艺术形式。本章介绍赛博空间与传统的文化与艺术的相互影响、赛博文化与艺术的发展历程以及赛博文化与艺术的展现形式。

本章重点

◆ 赛博文化与艺术的发展历程

◆ 赛博空间与传统的文化与艺术的相互影响

◆ 赛博空间中的新文化与艺术及其展现形式

9.1 赛博空间和传统的文化与艺术

文化指人类社会中的各种精神活动及其结果，可以划分为物质文化和非物质文化。从广义的角度来讲，文化代表一个国家或者民族的各种生活形态，包含语言、风俗习惯和艺术等。赛博空间的出现和发展改变了人类的生活模式，将自然、人类和社会融为一体，让不同的群体、不同的文化与艺术相互交流、相互影响。赛博空间不仅影响和改变着人类的生活、社交和工作方式，也影响和重塑着人类的审美体验。赛博空间中，新兴媒体、智能终端与主体的紧密联系、信息与数据的多维链接等，都对人类的文化与艺术产生了深远的影响。

赛博空间与文化的发展相互依存、相互制约。传统的文化形态是指具有统一特征的文化，在历史实践中形成并代代相传。它是在漫长的历史进程中，由各种文化历史因素碰撞、适应、变化、选择而形成的复杂系统。该系统包括了多方面、多层次的复杂内容和关系网络，而且具有整体性、时代性、地域性、广泛性的特点，具体如下。

（1）整体性：从历史到未来，文化各个阶段的构成及演化要素形成了有机整体。

（2）时代性：文化不是既定的东西，而是一个变化的过程，传统的文化与艺术处于不断被继承和改变的过程中，旧形式不断被新形式所取代。

（3）地域性：任何民族、地区的文化，总是由一定的特定历史地理条件决定的，表现出鲜明的民族或地域特征。

（4）广泛性：文化不仅涉及社会中的每一个个体、家庭，也涉及全社会每一个行业和领域。文化的传播空间广阔，受众广泛，内容丰富。文化的广泛性与整体性、时效性和地域性等特征紧密结合，共同影响着文化与艺术的形态[1]。

赛博空间的文化与艺术在内容和形式上，和以往的文化与艺术有很大不同，并对传统的文化与艺术产生了巨大的影响。两者呈现出既矛盾又融合的关系。

在赛博空间中，交流和互动方式具有类似于原始文化的特征。在原始文化中，符号和动作被用来进行表达和象征。符号可以代表抽象的事物，其含义具有多样性。人类从视觉感知的角度出发，发明出一种区别于文字、符号的表现与传达方式，即通过图片与影像对自然世界进行模仿和想象。在史前时代，文字还未被创造出来时，原始人类就已经开始创造图像。

赛博空间的文化传播与原始文化的传播类似。象征主义和多样性在赛博空间中也发挥着重要作用，如图标、超文本链接等。在赛博空间中，一个良好的视听界面可以有效地吸引用户，并减轻用户的理解和认知负担[2]。除了个人需要学习如何使用互联网、如何适应赛博空间，在更深层次上，文化和艺术也应当适应赛博空间[3]。

9.1.1 传统的文化与艺术对赛博空间的影响

文化与艺术对赛博空间具有深远的影响，具体如下。

第一，赛博空间这一名词就起源于文艺作品。赛博空间最初在科幻作家 William Gibson 的短篇小说《燃烧的铬》（*Burning Chrome*）中被提出，并在其后来的作品《神经漫游者》（*Neuromancer*）中得到推广。后者描述了网络黑客被分配到一家跨国公司，在全球计算机网络形成的空间中执行一项极其危险的任务。进入这个空间，只需要在脑神经中植入插座，连接电极，当网络与人的思维和意识融合时，他们就可以在其中旅行。作者将这个虚拟的新世界称作"赛博空间"。该术语结合了"控制论"（Cybernetics）和"空间"（Space）两个英文名词。在此之后，该术语得到广泛认可，"赛博"也衍生出计算机和数字网络的含义[4]。

第二，文化和艺术的发展促进了赛博空间的发展。在赛博空间渗透到人类的日常生活中之前，很多科幻文学艺术作品都对赛博空间进行了构思和想象，以赛博空间为主题的文化和艺术作品不断涌现。这些文化和艺术作品不仅加深了人类对赛博空间的认识，也促进了赛博空间的广泛应用。

第三，文化和艺术所传达的伦理和价值观影响了赛博空间的发展，挖掘了赛博空间的潜力。文化和艺术所传达的价值观在不断地影响着人类对赛博空间的思考和判断。而在文化和艺术作品中，对赛博空间的各种探索和想象，也极大地提升了赛博空间的社会价值，促进了其功能的改进。

9.1.2　赛博空间对文化与艺术的影响

文化的产生、发展总是与媒介的发展有关。在历史上，人类文化和艺术发展中首次重大的进步是文字的创造与发明。自此，信息的存储有了新的形式。第二次重大进步则是纸质媒体和印刷技术的发明，解决了文化的承载方式和传播流通的问题。第三次重大的进步则是信息的数字化，电子媒体取代纸质媒体，形成了一种以数字信息形式发送和接收的虚拟网络文化。除了从技术层面来理解和对待网络文化，我们还可以将其看成一种文化现象，它对人类生活和社会发展具有深远的影响。

赛博空间对文化与艺术的积极影响表现在以下几个方面。

（1）使文化的共享成为可能，极大地促进了不同文化之间的沟通、交流，丰富了人类的文化生活。在赛博空间中，文艺作品和相关信息被数字化，成为一种信息资源。人类可以更方便地查找、收集、保存和了解各种文化和艺术，进行共享、传播和使用。在极大地加速文化和艺术传播的同时，各种各样的文化和艺术形式还能够相互影响、相互交融。

（2）实现了平等的文化参与。无须考虑国家和文化背景，无论参与人的收入水平和教育水平如何，他们都可以随时随地平等地参与交流。赛博空间为文化全球化提供了支撑平台。在赛博空间中传播信息、展示文化艺术，是某种文化突破地理、语言等障碍的有效途径和手段[5]。

（3）赛博文化与艺术不断变化，相应地，也使得全新的、独特的文化形态不断地被创造出来，为人类文明提供新的发展机遇。作为一种精神性的产物，文化和艺术本身就是人与自然、与社会以及人与人之间关系的能动反映。赛博空间拓宽了人类交流思想的渠道，打破了现实中的地域和历史限制，促进了文化和艺术的多元化发展。在赛博空间中，不同地域、不同时期的文化和艺术充分展现在全球平台上，各种文化和艺术孤立发展的局面已经被打破[6]。

赛博空间对文化与艺术的消极影响表现在以下几个方面[1]。

（1）它在打破文化垄断、激励人类参与的同时，客观上导致了文化过于迅速的变化。一种文化往往来不及被人类吸收，就已经被另一种文化所取代。

（2）逐渐形成了霸权文化。目前，国际上赛博空间的信息绝大部分都是英文的。西方文化正利用这一优势，渗透到全世界，传播其价值观。

（3）赛博空间作为文化和艺术传播、交流的平台，以其个性化和多样性影响着文化的统一性和完整性。人类可以通过任何联网的计算机随时随地进行在线活动。与现实生活相比，赛博空间中人们受经济、政治、文化的限制较少。在互联网中，人们经常可以随意表达自己的想法、感受和情绪。这种个性化的方式催生了人与人之间的思想碰撞和交流，在一定程度上也塑造了网络文化的多样性。而文化是通过人类长期的积累和实践，形成和发展起来的具有统一性的人文精神和价值的集合。赛博空间中文化和艺术的个性化、多元化特征，必然会对传统的文化产生影响和冲击。

（4）赛博空间的虚拟内容已经大规模地进入人类的生产生活。其中，虚拟消费等场景对某些群体的吸引力太大，产生了沉溺等负面影响。

（5）当今文化和艺术的创作越来越依赖于赛博空间和信息技术，一些传统的创作方式（尤其是与赛博空间难以兼容的文化和艺术）正在逐渐消失。而且随着赛博文化与艺术的创造和传播影响力越来越大，传统的文化与艺术的发展空间进一步受到挤压。

9.2 赛博文化与艺术的发展

艺术虽然是文化的一个分支，但由于其表现手法和显性展示的特点，本书大部分情形下把它提到跟文化并行的位置来讨论。赛博文化与艺术经历了电子媒体时代以及数字化时代，下面对赛博文化与艺术的发展历程进行阐述。

9.2.1 电子媒体时代的文化与艺术

一种媒体的产生和普及通常会促使新的文化与艺术诞生。可以从文化与艺术媒体进化的角度，来概括人类文明史和文化艺术传播史。人类的文明史也是一部媒体创造与发展的历史，而文化必定是受到某种媒体系统影响而发展。电子媒体的飞速发展，拓宽了当代文化与艺术研究的视野，并引发了学术界的研究热潮。与传统文化媒体不同，基于电子信息和通信技术的电子媒体，能够突破传统的国家、社会制度和地理的界限，让全人类的文化与艺术进行前所未有的融合。电子媒体时代的文化与艺术作为赛博文化与艺术发展的初级阶段，具有多媒体、超链接、虚拟和交互等特征。

1. 多媒体

与其他媒体不同，电子媒体融合了多种新旧媒体形式。许多旧媒体（如报纸杂志、广播、电影和电视）已经与赛博空间中的电子媒体（如网络报纸、电子杂志、MP3、流媒体）深度融合。电子媒体的多媒体特征给传统的计算机系统和音视频设备带来了方向性的变革，媒体数字编码也开始走上标准化道路，不同数字媒体形式之间可以相互转换，媒体内容便于复制，给人们的工作、生活和娱乐带来了深刻的影响。

2. 超链接

作为赛博文化和艺术的重要载体，文本在其发展过程中发挥了不可忽略的作用。很多个世纪以来，人类文化主要以纸质文本为载体，书籍记录了人类在认识和改造世界的过程中积累的知识，并使人类能够分享这些成果。以电子计算机、现代通信技术和网络技术为代表的信息革命，推动了文本从纸质到数字化（电子化）的转变，也催生了超文本[1]。超文本的使用与网络文化的发展密切相关，作为万维网的核心特性，不同页面、图片、段落等内容之间支持通过超链接方便地跳转，这种超链接是电子媒体和赛博空间最能便利用户的特性之一。

3. 虚拟

虚拟世界是对现实世界的模拟和仿真。它不是物理意义上的真实，但在效果上给观众真实而深刻的印象。人们从不同的方面出发，对这一领域进行了想象和探索。例如，通过使用现代科技，创建视觉艺术作品，在赛博空间中探索虚拟世界的景象，或是在影视作品中享受虚拟体验。计算机游戏不仅起到娱乐作用，也为人类在虚拟世界中的生活做好了准备。在虚拟现实系统的帮助下，建筑师能够向客户展示所设计的三维空间。现在，不仅通信、金融的交易和服务在赛博空间中频繁发生，通过使用图形或虚拟现实界面的计算机程序，人们还能够身临其境地参观世界各地的景点。

4. 互动

计算机网络的多媒体功能和超链接结构改变了人们的阅读习惯，也可以将传统的文化形式转化为新的形式。新旧媒体的混合，创造了各种复杂的新艺术类型。事实上，超媒体原理可以将传统的文本与图像、声音联系起来，也可以改变文本、作品或图像的内部结构概念。通过计算机和网络，文艺创作者能够将超链接与传统的文艺作品结合起来，从而创造出强互动性的新型艺术形式[4]。

9.2.2　数字化时代的文化与艺术

文化和艺术的发展依赖于媒介和传播载体的演进、延展。文化与艺术存在方式的每一次变化都与某种传播载体的发展相关联。在数字技术诞生之前，文化与艺术经历了口头文化与艺术、书面文化与艺术两个阶段。

数字技术对于当今多元化的后现代文化具有重要意义。在从现代文化到后现代文化的转变过程中，在图片与影像文化的发展和传播方面，现代通信技术发挥了重要的作用。正如人类的其他伟大发明改变了人类历史一样，数字技术的出现也给人类的文学与艺术乃至整个社会带来了重大的变革。

人类文化与艺术逐渐明显的数字化发展趋势，形成了现在数字化的"文艺复兴"运动。传统的文学与艺术作品在迅速地被数字化，在艺术作品的生产、流通和消费过程中，电子媒介和载体也变得愈加重要。

信息数字化是人类社会步入文化新纪元的重要标志。纵观人类社会变化发展的过程，网络时代到来之前，大部分的信息和资料都依靠传统媒介进行传播。而在网络时代，信息资料则是依靠新兴的网络媒介，使用数字化形式来进行传播的。现在数字化的传播方式，所承载的信息量早已经超越了传统的信息传播方式。

如今，书写文化正向超媒体转变，视听（电子）文化有可能取代文字文化。纸质书籍和资料被数字化，成为电子书籍；留声机、唱片被数字化，成为各种电子音频格式的作品；而随着数码摄影技术的发展，传统的胶片摄影模式也已逐渐没落。

当前图像和视频通过各类媒介，尤其是网络广泛地传播，导致了"图像阅读时代"的出现。现在，人们每天都有机会接收数以千计的图像信息，不仅可以方便地接触到数字影像的艺术创作，还可以方便地访问容量几乎无限的图像网络。与中世纪的文艺复兴运动相比，这场数字化的"文艺复兴"运动，在通过使用新的文化传播媒介便捷、稳定地存储过去的思想与文化的同时，还开拓了文化与艺术的生产、创造和消费的广袤数字化空间[4]。

9.2.3 赛博文化与艺术

赛博空间对人类的社会活动和思维方式产生了巨大的冲击和深远的影响。互联网的发展，使文化艺术进入了"赛博文化和艺术"阶段。同时，赛博空间中发展出了新兴的网络文化，其带来的深远影响，使其成为不可忽视的力量。赛博文化融合了虚拟世界与现实生活，同时展现出了文化与艺术的个性和统一性。区别于传统的文化与艺术的形式，赛博文化从真实走向虚拟、从封闭走向开放、从单向走向互动，对人类社会的发展产生了重大影响。

赛博空间的出现，改变了人类在物理世界中获取信息的方法和途径，也改变了自我认知和重构客观世界的方式，还为人类提供了新的文化与艺术生存发展空间[1]。根据不同时期传播演化的特点，赛博空间中文化与艺术的发展可分为以下三个阶段。

第一阶段：赛博空间仅拓宽了传统的文化与艺术传播渠道。

在这一阶段，赛博空间中文化与艺术具有传统的文化与艺术的特征。互联网作为文化和信息的载体，将文化与艺术传播到赛博空间中。此时，互联网还没有创造出新的文化与艺术，只是传统的文化与艺术存在于赛博空间中，以数字信息化的形式进行流通和传播。赛博空间为传统文化的与艺术交流提供了新的技术和媒介。

第二阶段：赛博文化与艺术作为一种独立的文化与艺术形式而存在。

网络技术的进步促进了赛博文化与艺术的发展和演进，在网络世界里产生了新的文化与艺术，以及相应的思维模式和审美观点，也产生了新的创作工具和创作方式。随着赛博空间的不断发展，其文化与艺术逐渐成为一种独立的文化与艺术形式。

赛博空间开阔了人类的视野，促进了不同思想的碰撞和融合，使得人类能够在赛博空间中发明一系列与以往完全不同的新的表达方式。同时，计算机和网络为人类提供了更多新的创作方法和工具，产生了更加多样化的文化与艺术模式。此时，赛博空间的文化与艺术明显区别于传统的文化与艺术。它们独立存在，并对人类社会有着巨大而深远的影响。

这个阶段，赛博文化与艺术可分成以下三类：

（1）在现实中原本已经存在的文化与艺术作品被数字信息化，并传播到赛博空间；

（2）在赛博空间中发表的文化与艺术作品；

（3）通过计算机或计算机软件创作的文化与艺术作品。

第三阶段：赛博空间的文化与艺术逐步产业化。

随着赛博文化与艺术逐渐发展成熟，它开始呈现出产业化的趋势。其中典型的代表就是网络游戏，它可以清晰地展示出赛博文化与艺术的产业化轨迹。以网络游戏为代表的赛博文化与艺术产业，彻底改变了传统的文化与艺术传播方式。网络游戏创造了一种新的网络娱乐生活方式，极大地促进了文化与艺术作品的生产、传播和消费，也进一步丰富了赛博空间的审美观念。如今，赛博文化与艺术的新理念逐渐深入人心，为传统的文化与艺术的普及做出了贡献，促成了文化与艺术大众化的潮流，开创了赛博文化与艺术的新纪元。

民族文化产业受赛博空间的影响也较为深远。通过利用民族文化资源，民族文化产业能够提供特点鲜明的民俗产品和服务。利用赛博空间提升民族文化产业影响力，也成为世界各国发展文化产业的重要战略。电子商务、社交媒体和各种在线服务平台的广泛应用，为民族文化产业向赛博空间的发展和推广提供了新的机遇。赛博空间可以提供低成本的、优化的、集成的网络产业集群模式，有助于推动民族文化产业的快速发展。

9.3 赛博文化与艺术的展现形式

赛博文化与艺术是以计算机及其他辅助设备为物理载体，以网络和虚拟空间为主要通信、存储和展示场所，以信息数字化为基本方式的文化与艺术，是人类社会发展的产物。从网络的角度来看，赛博文化与艺术是技术变革形成的文化与艺术范式的革命。从文化和艺术的角度来看，是生产、展现和传播形式发生了变化。赛博空间为文化艺术创作提供了新的工具。

赛博空间对文化的传播、语言的表达以及知识的储存方式以及受众心理产生了巨大的影响。赛博文化结合了传统的文化与艺术的主要特征，同时也表达了当代的文化审美。赛博文化与艺术对每个人都是开放的，人人都有传播文化、交流文化的权利，人人都可以表达自己的思想和观念。因此，赛博文化与艺术是真正意义上属于大众的。它让广大互联网用户开始以自己为主体，自由独立地输出观点、表达自我。赛博文化与艺术并不只是一个抽象的概念，它有具体的展现形式，例如网络文化、网络文学、流媒体、虚拟现实、社交网络以及赛博朋克。本节将对赛博文化与艺术的展现形式进行介绍。

9.3.1　网络文化

网络文化是网络、现代科技与文明成果相结合的产物。互联网用户的高度活跃，为网络文化的发展创造了条件。《2021 全球数字报告》的数据显示，截至 2021 年 1 月，全球互联网用户数量达 46.6 亿人。其中，全球社交媒体用户数量高达 42 亿人。网络文化是在赛博空间中形成、发展的人类文化，其显著特征是数字技术与文化的深度融合。数字技术的发展将带动网络文化产业进一步发展。虚拟现实、区块链等技术的发展，将不断丰富网络文化的内涵，扩大网络文化产业的外延。如今，赛博空间中的文化与艺术也逐渐转化为工业化生产对象的产业形态，构成了当今规模化的数字文化产业，并不断发展，借助现代数字技术[7]形成了专业化、程序化和标准化的规模生产产业链。与传统的文化不同，网络文化自诞生之日起就开始市场化、商品化，形成了新的网络文化产业。

网络文化产业是一种以网络技术和文化内容为核心，随着互联网的发展而出现的新型文化产业。文化内容是网络文化产业的核心，网络技术只是网络文化产业的一种表达或传播手段。网络文化产业的快速发展主要得益于网络技术的不断创新和人类对数字文化内容不断增加的需求。互联网的普及和网民（特别是宽带用户）规模的增长，为这一发展提供了坚实的基础。网络文化产业的内容丰富多彩，包括网络新闻、网络文学、流媒体等。其中有些已形成了稳定的产业链（如网络文学和流媒体，下文将专门介绍），另一部分仍在探索当中。网络文化产业可以从两个角度来理解：一方面，以网络文学、网络游戏、网络影视流媒体为主要表现形式的网络文化，不仅形成了独特的文化现象和价值观，而且正在形成一种文化产业；另一方面，传统的文化通过互联网传播、分享，被网络化、数字化（如数字博物馆、数字图书馆等）。

近年来，文化产业在赛博空间中蓬勃发展，全面地改变了以往的传统模式。在赛博空间中，文化产业和非文化产业同时存在。娱乐、金融、教育等传统的商业项目都可以在赛博空间中开展，并相互合作[8]。与此同时，网络文化产业将从消费性服务业向生产性服务业转换，其发展也将推进文化的全球化。近年来，随着网络文化持续活跃发展，网络流媒体、网络直播、网络短视频等新产品和新模式不断涌现。网络文化产业也将迎来发展新阶段[9]。

9.3.2　网络文学

赛博空间的发展，使文学的存在方式与表达模式发生了技术性的转变[8]。网络文学随着赛博空间的普及而诞生，以赛博空间为展示平台进行传播和流通，借助超文本、多媒体进行演绎和表现。

网络文学通常包括以下几类：

（1）互联网上所有可访问的文学出版物，包括数字化出版物、作者主页上提供的作品文本等；

（2）网络上流传的非专业文字，包括业余作家主页上发表的作品文字、描写生活的博客等；

（3）超文本文学和多媒体网络文本，是多媒体技术与文学结合的典型代表。

数字媒介对文学领域发展的影响之广泛和深刻，是前所未有的，它改变了文学的阅读、创作以及传播的方式[10]。计算机技术可以呈现复杂的非线性文本结构，创造新的文学表达形式。网络文学能够以多媒体的形式出现，结合文字、图像、视频和音乐等多种元素。

在赛博空间中，文学不仅在创作形式上发生了变化，而且在写作风格和写作习惯上也发生了变化。网络文学的发展，使得精英文学逐渐被普通大众文学所取代。传统的文学作品是由身份明确的作家来完成的，而网络文学面向所有网民，且提供匿名写作的方式，营造了一个开放、包容的文学创作平台。网络文学还为独立在线出版提供了机会，解决了印刷媒体的局限性所带来的问题，节省了时间、空间，降低了文化的生产与消费成本。

网络文学呈现出内容多元化的特点。原创的网络文学作品也以内容丰富、创作成本低等优势，为其他文化与艺术类型提供了良好的内容基础。许多具有广泛影响力的网络文学原创作品不断涌现，与其他文化产业形成了良好的合作与互动，推动了数字文化产业的整体发展。

如今，网络文学借助 IP 的多元化开发，不仅延续了作品本身的生命力、扩大了作品本身的影响力，也带动了以其为源头的下游文化产业的转变和增长，实现了其精神价值与经济效益的统一发展[11]。

9.3.3 流媒体

流媒体是数字时代各种数字新技术、新观念、新文艺形式交融的全球性文化形式。通过流媒体平台，观众不需要提前下载，就可以在线上观看影视等视频内容，这些作品可以通过联网的电视机、投影仪，以及计算机和手机等设备进行放映。移动互联网的发展带来了流量和数据的增长。数据的收集、整理与分析等技术，在降低了经济成本的同时，还为流媒体的传播奠定了基础。全球互联网用户数量的增长也是流媒体平台不断发展的基础条件，是流媒体在全球范围内传播的保障。用户群体的不断扩大，使得近年来新型的互联网流媒体（如 YouTube、Apple TV 等）迅速崛起，同时，传统的影视公司也纷纷布局流媒体产业[12]。文化产业在赛博空间中不断发展，一改其传统的生产、流通模式。赛博空间正由"文字时代"发展为"视听时代"，视频网站成为创作文艺内容与作品的主要力量[8]。这促使影视行业发生了巨大的变化：新的媒介、传播渠道、发行模式不断出现；出现了第三方的互联网平台，供用户进行购票和评分；还出现了新的观影方式——通过流媒体平台进行观看。新冠肺炎疫情期间，院线电影的上映受到阻碍，而流媒体平台迅速发展，进一步促进了影视产业的变革[13]。

影视流媒体在全球化的数字经济与文化产业中占有重要地位。根据美国数字内容行业分析平台 App Annie 的报告数据，影视流媒体的主力是美国和中国的平台。其中，奈飞（Netflix）、YouTube、腾讯、爱奇艺、优酷这五个流媒体影视平台，都居于 2019 年非游戏类付费应用的前十名[14]。

流媒体具有两大优势。首先，流媒体比电影院线更灵活。观众能够自由地选择时间和地点观看，增加了观影的自由度。其次，流媒体平台提供了观众与影视之间的互动渠道。流媒体平台还推出了新的播放形式，让观众能够参与到电影的情节之中。例如，近年来尝试推出的互动电影，能够让观众自主决定电影故事情节的发展走向，丰富了电影的艺术形式。

流媒体行业带来了全新的盈利方式和经济模式，也与传统影视行业展开了竞争。它改变了当前电影产业的生态，给传统院线电影带来了挑战，极大地威胁到了传统院线市场的利益[15]。但与此同时，流媒体平台也为中小成本电影带来了机遇。

流媒体平台的发展，让观众得以摆脱传统的影视播放模式限制，在影视节目的播放方面，拥有更多的自主选择权[16]。大数据与算法推送技术的发展，为流媒体行业的精准性提供了技术保障。以推荐算法为例，用户通过流媒体平台观看影视作品，会留下与个人播放偏好相关的数据，平台就能够利用大数据技术来统计和预测观众对剧情趋势的偏好，更精准地引导用户继续观看喜欢的影片[17]，并能够以此为基础开展创作，这将对影视行业创作的独立性和观众的审美产生很大的影响。

9.3.4　虚拟现实

赛博空间是人类的创造性延伸，是一种新的结构和空间范式。但作为一个虚拟世界，赛博空间不应被视为对现实世界的简单模仿和复制。它应该被看作拓宽文化与艺术表达和传播渠道的一个新维度。赛博空间是无边界的平台，不受时间和空间的限制，具有极大的想象力和创造力空间。作为一种新的人机交互形式，计算机可以构建实时的、立体的虚拟环境，为用户提供多感官的体验。利用计算、传感和仿真等技术，可以创建多维的动态模拟效果和模拟环境，让用户具有沉浸式体验。例如现在流行的虚拟教室、虚拟建筑、虚拟导览，以及众多元宇宙应用等。用户可以进入虚拟环境中，进行交互。

虚拟现实技术可以帮助人类极大地发挥想象力和创造力[18]，进一步扩展人类对赛博空间的感知和体验[19]。

9.3.5　社交网络

社交网络服务（Social Networking Service，SNS）是基于赛博空间的社会交际服务。社交网络具有传统社交方式的功能，对人类的生活产生了巨大影响。以社交网络为核心服务的社交网站和应用，不仅为人们提供了自由表达自我的场所，而且为人们日常生活中的社会互动提供了新的平台[20]。

社交网络是现实生活的延伸。在赛博空间中，通过互联网进行社交的人数不断增加，社交网络迅速发展，人们在社交网络中以文字、音频、视频、图片进行互动与交流，为日常生活、工作和学习带来了极大的便利。

社交网络具有时效性强的特点。用户可以通过简单易懂的界面快速操作，使用网页、客户端等接收和发布消息。传统媒体，如报纸、电视等，通常受时间和地点的限制，时效性较差。在赛博空间中，信息的发布和接收几乎是同步的，大大提高了其流通和传播的及时性。作为一个更加自由、开放的交流平台，用户还可以在社交网络中实时互动交流。

社交网络还具有关系化的特征。社交网络能够将人类在现实世界中的关系映射到赛博空间中，利用人际关系来吸引用户，增加用户黏性。在帮助实现虚拟化人际交往的同时，社交网络也变得现实化、人性化。社交网络还发展出了更丰富的社交功能，为现实生活提供了便利。

目前，社交网络已经渗透到了人们的日常工作、生活和学习中，现实中人们的社会联系与赛博空间中的虚拟关系逐渐重合。主流社交平台会对每个用户进行身份识别，鼓励用户保持现实和虚拟身份的一致性，构建社会化的关系网络，围绕用户的身份，建造出可信赖的人际圈。未来，人们在网络中的虚拟身份会和其现实身份的关系更加密切。

社交网络构建的网络社区是私人空间与公共空间的结合。在充当用户个性化表达与展示空间的同时，网络社区也提供了用户之间交流、对话、合作的平台，形成了一种虚拟的公共空间。社交网络突破了时间与空间的限制，节约了人际交往的成本，拉近了人与人之间的距离，有助于个体有效地参与到群体的公共生活当中。社交网络重构了人类的私人空间和公共空间，也促进了私人空间和公共空间的融合[21]。

9.3.6 赛博朋克

赛博朋克（Cyberpunk）是一个多层次的动态概念，它起源于文学创作[23]，然后传播到其他艺术表达领域，成为视觉数字媒体的重要表现手法。到现在，它已经发展成为一种具有强大生命力的亚文化形式。从词源上讲，赛博朋克是"控制论"（Cybernetics）和"朋克"（Punk）的结合，是指以赛博空间和虚拟世界为故事背景的科幻作品[23]。

带有赛博朋克风格的科幻小说，往往包含了后现代主义思想。在文艺作品所描述的赛博空间中，人类的身体被改造，人类的意识被上传到网络上；生命实现了永生，人类被重构为后人类；未来世界中，科学技术的发展解构了人类的主体性，使人类脱离了血肉之躯的束缚和限制。赛博空间体现了人类与现代科学技术的共生。

赛博朋克的世界观通常基于对未来和技术发展的预测，在社会结构中体现出多种族文化融合的特征。赛博朋克本质上是人类对未来幻想的产物，其创作理念对未来设计具有指导意义。

在文学领域，许多赛博朋克作家对未来社会进行了思考和探索。随着社会的发展，赛博朋克早期的部分思想已经变成了现实，使其不再仅仅存在于文字里，而是逐渐渗透到现代生活中。现代社会中，人与机器、虚拟与现实的关系越来越密切。赛博朋克已广泛应用于视觉数字媒体，与观众建立了现实的关系。因此，赛博朋克不再只是一种文学创作模式，而是一种文化理念，被各个领域的创新者探索和应用，被各类媒体传播，形成了一种亚文化形态。如今，赛博朋克这一艺术风格在影视、卡通、音乐、设计等领域的影响力已经远远超出其在文学这个原始领域中的影响力，并且会随着时代的发展而进一步延伸[21]。随着人类对技术、审美等方面认知的发展，赛博朋克将在更广阔的领域得到应用和发展。

参考文献

[1] 沈洁. 赛博文化的本质研究 [D]. 上海：东华大学，2005.

[2] Search P. Ancient voices and cyberspace: Exploring the past to reshape the future [C]. Proceedings of the 1999 IEEE International Professional Communication Conference. NJ: IEEE，1999: 225-230.

[3] Agre P E. Cyberspace as American culture[J]. Science as Culture，2002，11（2）：171-189.

[4] 麦永雄. 赛博空间与文艺理论研究的新视野 [J]. 文艺研究，2006，6: 29-38.

[5] Wang C，He M. National culture and visual culture communication under the dual background of globalization and networking[C]. Proceedings of the International Joint Conference on Information. NJ: IEEE，2018.

[6] Zhou X，Dai W，Xu D，et al. The evolution of ethnic cultural industry towards a cyberspace: A perspective of generalized ecosystem[C]. Proceedings of the IEEE International Conference on Systems，Man，and Cybernetics. NJ: IEEE，2016: 4756-4761.

[7] 丁蕾. 数字媒体语境下的视觉艺术创新 [D]. 南京：南京艺术学院，2013.

[8] 陈少峰. 互联网 + "文化产业" 的价值链思考 [J]. 北京联合大学学报（人文社会科学版），2015，13（4）: 7-11.

[9] 罗联上. 数字技术赋能网络文化的高质量发展 [J]. 中国信息化，2021，6: 132-133.

[10] 欧阳友权. 数字媒介与中国文学的转型 [J]. 中国社会科学，2007，1: 143-156.

[11] 康岩. 网络文学助力数字文化产业发展 [R]. 赣南日报，2021（8）.

[12] 孔朝蓬. 数字时代流媒体影视文化生态的悖论与弥合 [J]. 现代传播（中国传媒大学学报），2021，43（1）: 110-114.

[13] 邓晋澍. 喧宾夺主：流媒体与院线的影视地位之争 [J]. 新闻传播，2021，5: 37-38.

[14] 王伟. 美国流媒体平台的产业变局、"数字经济" 与 "算法分发" 研究 [J]. 当代电影，2020，5: 112-117.

[15] 肖扬. 流媒体和传统院线 "相爱相杀" [J]. 法人，2020，9: 88-92.

[16] 李冰，郄婧琳. 大数据、流媒体与视频内容生产新策略——美剧《纸牌屋》的启示 [J]. 出版广角，2015，3: 89-91.

[17] 申晓媛. 关于流媒体平台的商业模式创新——以字节跳动与欢喜传媒合作为例 [J]. 新闻研究导刊，2021，12（1）: 245-246.

[18] Elgewely E M，Sheta W M，Metwalli M M. Virtual cultural gates: Exploring cyberspace potentials for a creative cultural heritage: An experimental design

approach for the on-line 3D virtual environments[C]. Proceedings of the 2013 Digital Heritage International Congress（Digital Heritage）. NJ: IEEE，2013: 443-443.

[19] 徐素宁，韦中亚，杨景春. 虚拟现实技术在虚拟旅游中的应用 [J]. 地理学与国土研究，2001，3：92-96.

[20] 姚琦，马华维，阎欢，等. 心理学视角下社交网络用户个体行为分析 [J]. 心理科学进展，2014，22（10）：1647-1659.

[21] 李林容. 社交网络的特性及其发展趋势 [J]. 新闻界，2010，5：32-34.

[22] 冉聃. 浅析赛博朋克科幻小说的后现代主义文化 [J]. 汉字文化，2019，12：71-72.

[23] Zhang H，Zhang M. Research on cyberpunk images in the visual digital media [C]. Proceedings of the 2020 International Conference on Computer Vision，Image and Deep Learning. NJ: IEEE，2020: 39-43.

第 10 章

群体智能

地球上有着形形色色的群居动物，如蚂蚁、鬣狗、蜜蜂等。正是因为有了群居，一些弱小的个体才能够完成单独个体难以完成的任务。例如，一只鬣狗无法和一头狮子抗衡，但是一群鬣狗合理协作却能置狮子于死地，这正是由于群居而涌现出的群体智慧和群体智能行为。人类作为地球上个体智慧水平最高的群居动物，从远古时期的集体狩猎，到近现代以来科技和文明的蓬勃发展，很多成就都凝结了众人的智慧。如今随着赛博空间的快速发展，人与人之间的联系更加紧密，将会涌现出更多的群体智慧和群体智能行为。本章以群体智能为主题，介绍群体智能的发展历程、主要研究成果和研究方向。

本章重点

◆ 群体智能的研究起源和发展历程
◆ 群体智能 1.0 和群体智能 2.0 的异同
◆ 群体智能未来的研究方向

10.1　群体智能的定义

群体智能早期的概念来自群体智慧（Collective Intelligence），它是在社会心理学的背景下创造出来的一个术语，群体智慧的定义有很多。例如，John B. Smith 将其定义为：一群人在执行一项任务，由于这个群体本身是一个连贯的、智慧的有机体，因此这群人尽管由一个个独立的个体组成，但实际上他们内部有着明确的规则在协调他们的工作[1]。Pierre Levy 将群体智慧描述为：群体保持着一种分布式智慧的形式，群体内部的个体能够实时协调和协作，不断增强群体内部的力量，以获得有效的动员能力[2]。在《群体的智慧》（*The Wisdom of Crowds*）一书中，群体智慧被描述为：在一定的规则和条件下，群体能够比群体中的个体取得更好的结果，即便群体中的某个人比其他人都要聪明[3]。上述定义都强调了群体、智慧和规则的重要性，即一群智慧个体如何按照一定的规则共同工作以实现比个体更加智能的结果。那么如何将其引申到计算机领域呢？这就产生了群体智能。

群体智能（Swarm Intelligence，SI）是学术界受群居生物行为状态的启发所提出的一种智能形态，即群体内部通过个体之间的相互合作能够完成复杂的任务，实现群体智慧超越个体智慧的飞跃[4]。群体智能所研究的群居生物可以是动物，如蚂蚁、蜜蜂、大雁、鱼群等，或是人类。合作是指智能个体按照群体内部的一定规则完成某些活动，如蚂蚁觅食、蜜蜂觅食、大雁迁徙等。群体智能最初的研究目的是基于这些群体行为提出各种群体智能算法，以解决在工程科学领域中传统算法无法解决的优化问题。这一阶段被称为群体智能 1.0，它注重对觅食、筑巢、迁徙等生物群居行为的研究，针对这些行为进行建模并提出算法，从而获得解决实际问题的新思路。

近年来，随着网络和智能设备的快速发展和普及，以及赛博空间概念的提出，人类的认知和智慧也随着数据、信息、知识、智能贯穿于整个赛博空间中[5]，群体智能有了新的发展，即将人类智能与智能机器融合，这时，群体智能有了新的定义：群体智能超越了个体智能的局限，在一定的互联网组织结构下，由大量自主个体组成的智能群体产生，这些个体受到激励去执行具有挑战性的计算任务[6]。这又被称为群体智能 2.0，侧重在广义网络空间的大背景下实现人 - 机 - 物共融，将针对生物群居行为的研究转为针对人群行为的研究，将人类智能与机器智能有机结合起来。

10.2　群体智能 1.0

"群体智能"最早起源于对计算机屏幕上细胞机器人自组织现象的研究[7]。1992 年，随着蚁群优化（Ant Colony Optimization，ACO）算法的提出，群体智能作为一个理论被正式提出，并逐渐吸引了大批研究人员的关注，此后有关群体智能算法的研究迅速展开，掀起了群体智能的研究高潮。群体智能 1.0 时期，学者们注重对生物群体行为的研究，并针对这些群体行为提出了一系列具备群体智能特征的优化算法，即群体智能算法。

群体依靠某种规则使大量的个体聚集在一起，使其能够互相协作和交流，能够完成一些复杂的任务，当复杂度达到某一程度时，智能行为就会从群体中涌现出来。1994 年，Mark M. Millonas[8] 提出群体涌现出智能行为所遵循的五条基本原则，即邻近原则、品质原则、多样性反映原则、稳定性原则和适应性原则。这些原则是群体涌现出智能行为的基础。1999 年，Eric Bonabeau 等人[9] 在此基础之上又进一步完善了这些原则，并提出了自组织和劳动分工两个基本原则。他认为这两个基本原则是群体涌现出智能行为的充要条件，其中自组织又包括正反馈、负反馈、波动和多重交互作用四种机制。这些原则为群体内部高效地协作完成复杂任务提供了一套基本规则。

基于自组织和劳动分工这两个基本原则，大量学者对不同群居生物的行为进行了观察和研究，发现这些生物某些行为体现着智能，进而对这些智能行为进行建模分析，从而提出了各种群体智能算法。本节从原则、智能行为和算法流程三个方面重点介绍两个典型的群体智能算法，即蚁群优化算法和人工蜂群算法。

1. 蚁群优化算法

蚂蚁是一种非常常见的群居生物，蚁群内部存在着严格的劳动分工制度。一个蚂蚁群体内部主要分为负责搬运食物、维护巢穴的工蚁，负责守卫的兵蚁，负责搜寻食物的侦察蚁和负责产卵繁衍后代的蚁后等。蚁群优化算法正是源于对蚂蚁觅食行为的观察。在觅食过程中，蚂蚁会在经过的路径上留下信息素，使蚁群产生自组织现象，其具体规律如下。

（1）正反馈：越短的路径信息素浓度越高，经过的蚂蚁也会越来越多，随着时间的推移信息素浓度越来越高。

（2）负反馈：越长的路径信息素浓度越低，经过的蚂蚁也会越来越少，随着时间的推移信息素浓度越来越低。

（3）波动：侦察蚁会随机在巢穴周围搜寻食物源。

（4）多重交互：蚂蚁之间通过对信息素浓度的感知来进行信息的交流。

基于上述规律，整个蚂蚁群体朝着有利的方向不断发展，而在这个过程中可以发现，蚁群在觅食过程中表现出以下三种智能行为。

（1）通信行为：蚂蚁能够利用信息素进行通信，以实现信息传递。

（2）记忆行为：同一只蚂蚁不会搜索前一次搜索过的路径。

（3）集群行为：一只蚂蚁的搜寻很难找到路径最短的食物源，但整个蚁群共同进行搜寻就很容易。

通过对蚂蚁群体表现出的智能行为进行观察和研究，研究人员于 1992 提出了第一个蚁群算法[10]，并在解决路径规划问题时取得了良好的效果。传统蚁群算法的流程如下。

（1）蚁群规模、信息素因子以及最大迭代次数等参数的初始化。

（2）随机将蚂蚁置于解空间中的不同点，对每只蚂蚁计算当前可到达点的概率，然后向概率最大的点移动，直到有蚂蚁访问完所有的点。

（3）计算每只蚂蚁经过的路径长度，记录当前的最短路径，同时对路径上的信息素浓度进行更新。

（4）判断是否到达迭代次数：若否，返回步骤（2）；若是，结束程序。

（5）输出最优结果。

由于蚁群算法在解决小规模路径规划问题时可以取得良好效果，引起了越来越多研究人员的关注。针对传统蚁群算法在解决大规模路径规划问题上的一些缺陷，如容易陷入局部最优解、搜寻时间过长等，研究人员又陆续提出了多种蚁群优化算法，如 ASelitist[11]、MMAS[12]、RAS[13] 等。这些算法在解决许多组合优化问题（如网络路由规划、数据挖掘、机器人路径规划、图着色等）时效果显著。

2. 人工蜂群算法

蜜蜂有着比蚂蚁更为细致的劳动分工制度。一个蜜蜂群体内部主要分为三个工种：负责产卵繁衍后代的蜂王、负责与蜂王交配的雄蜂以及负责寻找和采集食物的工蜂。而工蜂又进一步分为采集和运送蜂蜜的雇佣蜂、协调和选择最优蜜源的观察蜂以及随机搜寻其他蜜源的侦察蜂。

在严格的任务分工机制下，整个蜂群系统得以高效运转。而人工蜂群算法（Artificial Bee Colony Algorithm，ABC）正是一种基于蜜蜂采蜜原理的群体智能算法[14]。工蜂在采蜜期间也会形成自组织现象，具体流程如下。

（1）正反馈：随着蜜源蜂蜜数量的增加，采集蜂蜜的蜜蜂数量也增加。

（2）负反馈：蜂蜜量少的蜜源随着时间的推移会被逐渐放弃。

（3）波动：侦察蜂进行随机搜索，以发现新的蜜源。

（4）多重交互：蜜蜂通过跳舞与同伴分享蜜源信息。

基于以上原则，整个蜂群能够朝着有利的方向不断发展，进而在蜜蜂采蜜过程中形成了以下几种智能行为。

（1）分工行为：蜜蜂会按照觅食任务进行劳动分工。

（2）导航行为：雇佣蜂利用空间记忆进行蜜源搜索飞行和归巢。

（3）通信行为：在一只雇佣蜂携带蜂蜜回到蜂房时，它会通过跳舞的形式向其他蜜蜂传递信息，根据信息源的距离信息，蜜蜂会跳不同的舞蹈：圆舞、摇摆舞、颤舞。

通过对蜜蜂群体表现出的智能行为进行观察和研究，第一个人工蜂群算法于2005年被提出[15]，并在解决函数优化问题时取得了良好的效果。在该算法中，蜜源的位置被抽象成函数的潜在解，蜜源的质量对应解的质量，因此最终的输出结果是最优蜜源位置，也就是最优解。传统蜂群算法的流程如下。

（1）初始化蜜源数量、种群数量以及最大迭代次数等参数。

（2）随机分配一只雇佣蜂搜索蜜源。

（3）评价蜜源的质量，采用贪婪选择的方法确定保留的蜜源。

（4）计算雇佣蜂找到的蜜源被采集的概率。

（5）观察蜂与雇佣蜂采用相同的方式搜索蜜源，根据贪婪选择的方法确定保留的蜜源。

（6）判断蜜源是否满足被放弃的条件，若满足，对应的雇佣蜂变为侦察蜂，否则直接转到步骤（8）。

（7）侦察蜂随机搜索产生新蜜源。

（8）判断算法是否满足终止条件，若满足则终止，输出最优解，否则转到步骤（2）。

与蚁群算法相比，人工蜂群算法具有操作简单、参数少、解精度高和鲁棒性较强的特点，但是传统的人工蜂群算法还存在着一些不足，如算法容易陷入局部最优解、收敛速度较慢、求解高维函数的能力不足等。针对这些缺陷，研究人员先后提出了不同的改进算法，如 DHABC[16]、TS-ABC[17]、MOABC[18] 等。目前，这些人工蜂群优化算法已经成功应用于人工神经网络训练、组合优化等多个领域。

以上两种算法只是群体智能算法的冰山一角，本书通过对以上两种算法的介绍，来帮助读者理解生物的智能行为是如何被应用于计算机科学领域，并为解决实际问题做出巨大贡献的。经过近三十年的研究与发展，群体智能算法在理论上已经非常完善，研究人员先后提出了众多性能优异的算法。表 10.1 列举了近三十年来一些性能优异的群体智能算法[19]。

表 10.1　一些性能优异的群体智能优化算法

出现时间	算法名称	智能行为	主要特点	应用场景
1992 年	蚁群算法[10]	通信行为、记忆行为、集群行为	较强的鲁棒性、易与其他智能算法结合；运行时间过长、易陷入局部最优解	网络路由规划、数据挖掘、机器人路径规划、图着色等
1995 年	粒子群算法[20]	迁徙行为、群聚行为	运行速度快、结构简单；易陷入局部最优解	模式识别、图像处理、神经网络训练等
2002 年	细菌觅食算法[21]	趋向行为、繁殖行为、迁徙行为	并行搜索、易跳出局部极小值；解精度低、收敛速度慢	模式识别、工程参数优化等
2003 年	人工鱼群算法[22]	觅食行为、群聚行为、追尾行为	鲁棒性强、收敛速度快；解精度低、算法执行后期性能较低	路径规划、图像降维、资源调度等
2003 年	混合蛙跳算法[23]	觅食行为、群聚行为、通信行为	结构简单、运算速度快；收敛速度慢、易陷入局部最优解	聚类问题、网络优化、图像处理等
2005 年	人工蜂群算法[15]	分工行为、导航行为、通信行为	运行速度快；易陷入局部最优解、收敛速度慢	图像信号处理、特征选择、资源调度问题等
2005 年	萤火虫算法[24]	闪烁求偶行为	结构简单、全局搜索能力强；收敛速度慢	图像处理、聚类问题、组合优化问题等

出现时间	算法名称	智能行为	主要特点	应用场景
2009 年	布谷鸟搜索算法[25]	繁育行为	模型简单、通用；易陷入局部最优解、收敛速度慢	设施布局、聚类问题等
2011 年	果蝇优化算法[26]	觅食行为	结构简单易实现；解精度低、易陷入局部最优解	构建无线传感网络、资源调度等
2013 年	狼群算法[27]	捕食行为	运行速度快、鲁棒性强；难以找到全局最优解	医学、三维传感器优化、神经网络训练等
2014 年	鸽群算法[28]	归巢行为	收敛速度快、计算简单、鲁棒性强；算法理论框架不够成熟	无人机、参数优化、图像处理等

10.3 群体智能 2.0

群体智能 2.0 与群体智能 1.0 最大的不同在于，群体智能 1.0 强调动物的群体智慧，而群体智能 2.0 强调人类的群体智慧。中国自古以来就有无数的谚语、诗句或口号强调人类群体智慧的重要性，如"三个臭皮匠顶个诸葛亮""众人拾柴火焰高""团结就是力量"等，它们都说明了人类内部蕴藏着巨大的群体智慧，通过有效的合作能够实现群体智慧超越个体智慧。正是基于这样的思想，群体智能被赋予了新的含义，特别是互联网、移动互联网的快速崛起和智能设备的普及，以及新的应用程序和用户生成内容的出现，为人类群体智慧的涌现提供了基础。这些技术的发展将人类的智慧变成了一种可交易的资源，通过互联网连接起来，使得人类能够更直接地参与网络活动，提供集体力量。例如，从产品评级到通过集体行动影响公众认知，从小型任务到大型的系统软件开发。这种行为，最早被称为技术主导的社会公民参与，它是指网民通过网络参与和协作实现共同目标的能力，而这些目标是任何个人或组织都难以单独达成的[29]。

2017 年，针对这种行为，李未院士正式提出了群体智能 2.0 的概念，即它是以快速发展的网络和快速普及的智能设备为基础，同时辅以大数据的驱动，实现人类智能与机器智能的深度融合，以完成各种任务。在群体智能 2.0 的背景下，人类个体作为参与者，可以分享、贡献数据，如图片、视频、路线等，图片与视频可以帮助有关部门预防、打击犯罪，可以绘制详细的电子地图；也可以分享、贡献智力以完成复杂计算、图片分类、文字识别、系统开发等任务。群体智能 2.0 最显著的两个特点就是开放和共享：一方面，任务参与者可以来自各行各业，他们拥有不同的学识和技能；另一方面，任务发布者需要综合各方数据以实现任务目标。因此，根据群体智能 2.0 的概念及特点，研究人员展开了以群体智能系统、群智感知计算和群体智能安全三个方面为主流的研究。

10.3.1　群体智能系统

目前，群体智能 2.0 已广泛应用于海量数据处理、软件开发、共享经济等领域，群体智能 2.0 的应用领域都有针对群体任务的特定需求。为了支持这一特定需求，必须建立一个成熟的系统，以此将许多参与个体连接起来，通过特定的组织机制协调他们的工作，进而高效地完成任务。而群体智能系统就是这样一个将人类智慧和机器无缝交织在一起的系统，通过该系统可以集合众多来自各个领域的个人的智慧，以完成具有挑战性的任务。

现在，已经有众多的群体智能系统被推出，这些系统将人群的智慧变成了有价值的、可随需应变的资源，下面列举一些典型的群体智能系统。

（1）人类计算（Human Computation）指的是一种分布式系统，它结合人类和计算机的优势来完成某个人类和计算机都不能独立完成的任务。亚马逊土耳其机器人（Amazon Mechanical Turk，AMT）是著名的在线人类计算平台，它利用人类智慧来完成微计算任务，发放少量奖励。这些任务通常非常简单，只需几分钟就可以完成，如图像标记、音频转录和调查问卷等。另一个著名的应用就是 reCAPTCHA[30]，这是一种用于誊写旧书和报纸的人类计算系统。当用户进入一个网站时，他们看到的不是计算机生成的失真文本，而是来自旧书或旧报纸的一个单词的图像，计算机一般难以通过光学字符识别技术来处理这些单词。因此，当用户想访问网站而需要输入字母时，实际上已经参与到人类计算系统，贡献了自己的智慧和计算能力。

（2）移动众包（Mobile Crowdsourcing）指让用户自愿地通过移动设备收集和分享数据，然后通过智能移动设备上的移动众包应用程序来处理所收集的数据，以获取有用信息的系统。针对移动众包，研究人员已经提出 TrafficInfo[31]、EarPhone[32] 和 iSafe[33] 等框架。除了这些框架，还有众多的移动众包平台，如 Gig-Walk、Field Agent、TaskRabbit、微差事和中移在线众包平台等。

（3）公民科学（Citizen Science）是由业余或非专业科学家进行的科学研究，它鼓励公众自愿参与科学研究过程，以此帮助增加科学知识、造福社会。例如，eBird 是一个线上鸟类爱好者社区，观鸟者、科学家和自然资源保护主义者可以将他们对鸟类的观察和研究结果上传、存储到一个全球可访问的统一数据库中，以此来更好地了解鸟类的生物模式以及影响它们生存环境的人为因素[34]。另一个典型例子是 Galaxy Zoo，一个拥有 25 万名志愿者的群体智能系统，该系统用于处理大量的天文数据。在该系统启动 7 个月后，大约 90 万个星系被编码，不同的志愿者对星系进行了多种分类，以降低编码的错误率，总共大约有 5000 万个分类。对于单个科学家来说，5000 万次分类需要耗时超过 83 年[35]！

（4）软件众包（Software Crowdsourcing）指的是将一个软件或者系统分割为不同的功能，并分别交给不同的专业人员进行开发。软件开发的特点就是对参与人员的技能要求较高。开源软件（Open Source Software，OSS）系统使世界各地的开发人员可以轻松地访问这些项目的源代码、文档和测试用例，并参与整个开发过程。例如，GitHub、Google Code 和 SourceForge 都是 OSS 系统的成功案例。TopCoder 创建了一个软件竞赛的平台，它将编程任务作为竞赛发布，将最高奖项授予提出最佳解决方案的开发者。借助该模式，TopCoder 建立了一个强大的群体智能系统，并聚集了超过 25 万名注册成员和近 5 万名活跃参与者作为虚拟全球劳动力来源。

10.3.2　群智感知计算

从上述群体智能系统的介绍中可以发现，海量数据是群体智能的基础，特别是像人类计算、移动众包、公民科学这类系统。2012 年，刘云浩首次提出群智感知计算概念：群智感知计算是一种利用互联网、智能设备和群体智能等技术获取数据的新方式，它是指利用覆盖广大范围的互联网组织结构和大量拥有智能设备的用户，对任务所需的数据进行大规模的收集和处理[36]。群智感知实质上是一种分布式系统，由于单一的个体无法提供任务所需的大量数据，因此需要大量个体参与到任务中以获取足够的数据。于是，如何激励参与者参与到群智感知中就成为研究重点之一。由于数据是由众多不同专业和能力的人提供的，从终端传输来的数据质量难以保证，而数据质量对数据处理结果具有重要影响。因此，如何在快速获取大规模数据的同时保证数据的质量，成为群体智能 2.0 的重要考量。

根据 Alexander J. Quinn 和 Benjamin B. Bederson 的调查，激励参与者参与任务的激励机制主要有四种：货币、利他主义、享受和声誉[37]。按照激励类型可以将其分为两大类：货币机制和非货币机制。

（1）货币机制。当数据收集本身没有为参与者带来任何好处时，货币激励机制是极为有效的方式。现有的大多数群智感知计算的货币激励机制都是基于反向拍卖理论设计的。具体来说，任务的发起者为完成一项任务提供奖励，参与者为完成任务出价，由于参与者之间的竞争，导致出价下降，因此任务最终分配给出价最低的参与者，这就是所谓的反向拍卖。这一机制在群体智能中得到了广泛的应用，研究人员提出了诸多基于反向拍卖的货币激励机制。为了保持足够多的参与者参加竞标，提高系统效率，同时防止在前几轮拍卖中由于一些参与者竞标失败导致退出竞标，Juong-Sik Lee 等人提出了基于反向拍卖的虚拟参与积分动态价格激励机制（Reverse Auction-based Dynamic Price，RADP）[38]。Luis G. Jaimes 等人提出货币激励机制还应考虑参与者的位置、预算等约束条件，因此他们设计了一个新的贪婪激励算法[39]来解决该问题，这使得激励机制更加高效。为了保持货币激励机制的真实性，同时防止用户通过操纵市场打乱交易的公平性，杨德俊等人提出了一种称为 MSensing 的货币激励机制[40]。

（2）非货币机制。爱好者群体和专家群体正在成为群智感知计算中不可或缺的一部分，对于这些人而言，激励他们参与的不是金钱利益，而是爱好、声誉、满足感和社区认可等。因此，为了激励这类高质量的群体贡献自己的经验和知识，应该为他们设计一种有效的激励机制，这对群智感知计算的发展具有重要意义。

有关研究人员通过大量的调查发现，激励这类人群参与的因素主要是集体激励、社会奖励和内在激励[41]。集体激励即不管参与者是否真正参与数据收集，一旦完成了任务目标，参与者都会受益，如 Eiman Kanjo 构建的用于空气污染检测的 NoiseSPY 系统[42]。社会奖励指参与者通过社交网络实现互动是激励他们参与群智感知计算的有效方式。例如，由 Emiliano Miluzzo 等人提出的群体智能系统中，参与者根据活动、性格、习惯或者环境分享他/她的状态，通过分享这些信息，具有相似信息的个体可以更容易地找到对方展开交流[43]。内在激励指参与者内心对于该任务的兴趣爱好，一种可行的内在激励方法就是在任务构建中加入游戏机制。例如，Bud Burst Mobile 是一个拥有游戏机制的环境群智感知项目，在这个项目中参与者会因收集生物数据（如植物、动物等）、标记生物位置的行为获得积分、得到激励[44]。

虽然通过激励机制可以获取到足够多的数据，但由于参与者个体的差异，这些数据存在一定的错误率和冗余度。因此，需要对数据进行聚合以得到更为精确的数据，还需要合适的方法来评估这些数据的质量。

研究人员提出了不少数据聚合方法。多数表决即在多个来自同一时间地点的感知数据中选择票数最多的数据作为真实数据。例如，文献［45］提出了最大边际多数投票（Max-margin Majority Voting，M^3V）模型，以提高多数投票的判别能力。最大期望统计（Expectation-maximization，EM）首先将某些参与者收集的数据作为先验知识，假设这些数据的真实标签结果符合某一分布，然后利用 EM 算法计算该分布模型的参数，之后就可以使用该模型计算其他数据所对应的标签结果。例如，Jacob Whitehill 等人提出了一个在条件独立假设下同时考虑工人质量和任务难度的模型，基于 EM 算法可以推断出最可能的标签[46]。置信传播（Belief Propagation，BP）主要用于弥补 EM 算法计算时间复杂度过高的问题。刘强等人将众包问题转化为基于图的变分推理问题，可以利用置信传播和平均场等工具推断出正确的标签[47]。主动学习（Active Learning）是首先通过机器学习选择出比较"难"判断的数据，并经人工再次确认和审核，然后将人工标注的数据再次使用监督学习模型或者半监督学习模型进行训练，逐步提升模型准确度。例如，Y. Yan 等人将主动学习与众包相结合，提出了概率多标签模型，提供了选择任务和工作者的标准[48]。

数据评估方式与数据类型有很大关系，针对不同的数据类型，研究人员也提出了不同的评估方式。数据可分为连续数据、分类数据和可视化数据三类。对于连续数据，首先选择一种合适的数据聚合方式计算出数据聚合的结果，然后根据聚合结果与真实值之间的差值来衡量数据质量，即误差分布。例如，利用贝叶斯模型计算出误差分布的概率模型，进而估算出整体的测量误差。分类数据的质量一般用正确分类的概率来衡量。例如，很多任务的结果都可以转换为分类标签的形式，要根据最终的聚合结果来判断某一参与者的分类正确率。可视化数据一般是指视频、图像等。例如，利用深度学习的方法识别图像或视频内容，以判断是否符合任务发布者的要求。

10.3.3 群体智能安全

对于群体智能系统而言，数据是实现群体智能的基础。然而，在收集和利用大量数据的同时，安全和隐私方面的风险必然会增加。例如，短视频平台似乎永远都知道用户想要看什么内容。类似的事情还有很多，种种迹象表明个人的偏好、兴趣等数据正在被利用。因此，如何在保证用户隐私安全的基础上构建高效的群体智能系统，是群体智能 2.0 阶段的重点问题。

从数据的生命周期来看，在群体智能系统中，安全和隐私问题在数据采集汇聚、存储处理和数据共享使用等环节都存在。

（1）数据采集汇聚。由于任务参与者的多样性，导致数据源于不同的终端设备。因此，一方面，由于数据来源的多样性，数据本身是否可信、是否存在篡改，这些都是问题，这就为数据的真实性和可靠性带来了挑战；另一方面，由于数据本身的偏差，导致数据从终端传输到群体智能系统的过程中存在失真、被破坏和泄露等问题，这就为如何确保数据传输安全和防泄露带来了挑战。针对这些挑战，学者们给出了不同的解决方式。例如，用于数据源安全问题的生物认证技术，利用声纹认证、指纹认证、人脸识别认证、虹膜识别认证等方式确保数据来源的真实性，但这些生物特征信息增加了隐私泄露的风险，使得隐私泄露的代价更高昂。还有为了保证数据不携带病毒或其他有潜在安全风险的数据内容，可利用基于机器学习或有限状态机的安全检测技术等来确保数据内容的安全性。在数据传输过程中为了防止信息泄露，可利用传输加密、威胁检测等技术。

（2）数据存储处理。一方面，现有的数据存储方案大多采用分布式、水平可扩展的方式存储，即在各个存储节点存储大量的数据，尽管它满足了云环境下的可扩展性，但传统的安全防护措施并不能保证数据的安全性需求，一旦某个存储节点的数据发生泄露，那么造成的影响是巨大的。另一方面，现有的数据处理框架大多采用 Spark、Storm 和 MapReduce 等，这些框架安全性能不够强大，因此面临非法访问、数据泄露等问题。对此，研究人员提出了不同的解决方案。数据存储安全问题的解决方案有数据加密、数据备份和数据完整性证明等技术。其中，数据加密是确保数据存储安全的主要技术，当前的研究方向包括同态加密[49]、对称可搜索加密[50]、公钥可搜索加密[51]和保留格式加密[52]等。数据完整性证明用来确保数据的完整性，研究方向包括数据可恢复证明机制[53]和数据持有效证明机制[54]。在数据处理安全方面，现有的研究主要集中在任务调度安全与隔离和任务执行安全两个方向。任务调度安全与隔离防止恶意用户非法访问其他用户的数据或任务结果，如 Tagged-MapReduce[55]、基于动态域划分的安全调度策略[56]。任务执行安全用于保证任务执行结果的可信度和防止敏感信息泄露，如 GuardSpark[57]。

（3）数据共享使用。在数据共享过程中，最重要的就是数据的保密问题和用户的隐私问题。频繁的数据交换极大地增加了数据泄露的风险，因此对敏感数据进行有效加密和确保用户隐私成了数据共享使用中的重中之重。谷歌提出的联邦学习正是要在数据不共享的情况下达到数据共享使用的目的，它能够在数据安全的前提下实现数据的共享使用。虽然联邦学习在数据共享使用方面效果甚佳，但是联邦学习并不是万无一失的，目前这一领域仍面临许多威胁与挑战亟待解决，其中包括通信效率短板明显、隐私安全仍有缺陷、缺乏信任与激励机制等[58]。隐私安全是指在真实的网络环境中，会存在多种攻击服务器和客户端的方式，而参与者的动机也难以判断，服务器的可信程度也难以保证，这样就会导致隐私泄露问题。目前的解决方案主要是通过将一些典型的隐私保护技术融入联邦学习中以提高隐私安全。例如，差分隐私(Differential Privacy，DP)与联邦学习的融合[59]、安全多方计算（Secure Multi-party Computation，MPC）与联邦学习的融合[60]、同态加密（Homomorphic Encryption，HE）与联邦学习的融合[61]。对于信任与激励机制，由于群体智能系统需要依靠参与者提供大量的数据，同时还需要参与者之间共享数据以完成任务，如果系统不能向参与者提供足够的激励就无法获得大量的数据，而参与者之间缺乏信任也就无法共享数据。基于此，考虑到区块链具有不可篡改和安全可验证的特点，目前大量研究人员将区块链技术与联邦学习联合使用。例如，为了解决信任问题，采用基于区块链的 FLchain 架构，以提升联邦学习的安全性[62]；为了解决激励问题，通过区块链技术对所有的模型更新进行完整的记录并给予丰厚的奖励，来激励用户参与联邦学习[63]。

10.4 展望与讨论

自被提出以来，群体智能理论经过近三十年的研究与发展，已经将针对动物群体行为的研究延伸到针对互联网背景下人类群体行为的研究，并已取得了相当多的研究成果。作为群体智能 1.0 中的重要研究方向，群体智能算法的性能不断提升，已经被广泛应用于多个领域，如图像检索、金融预测、路径规划、群体机器人等。虽然有关群体智能算法的理论研究和应用已经取得了显著的成就，但其技术仍在不断发展，因此未来还有以下方面需要继续研究和完善。

（1）绝大多数的实际应用问题都是离散型问题，如物流调度、路径规划等。而群体智能算法在解决这类问题时需要根据不同的问题进行建模，并且一般取得的效果并不理想，因此如何改进算法以获得更合理、高效的模型，需要进一步研究。

（2）群体智能算法与人工神经网络模型的结合已经得到了广泛应用，在优化模型参数方面取得了一些成果，因此未来可继续在这方面进行研究。

（3）群体智能算法不应只关注对动物群体智能行为的研究，还应考虑观察和研究人类的一些生物特性，以此开发新的群体智能算法。

群体智能 2.0 是近些年来新兴的热点研究方向，受益于物联网和互联网的实时网络共享功能以及移动设备的广泛普及，各类群体智能系统层出不穷，实现了人与智能设备的紧密相连，达到了科技与人类相互提升的效果。由于数据是实现群体智能 2.0 的基础，因此如何在保证数据安全和用户隐私安全的基础上构建群体智能系统也成为群体智能 2.0 发展的重点方向。未来，有关群体智能 2.0 的研究将主要包括以下几个方面。

（1）虽然现有群体智能系统的构建已经取得了不小的成就，并且已经在任务分配和人群组织技术方面取得了很好的效果，但是关于如何调整群体智能的组织结构以应对多变的外部环境的研究还很少。

（2）激励是实现群体智能的重要机制。然而，任务请求者和工作者之间的供求关系经常发生变化。如何设计一种有效的、能够动态地为任务设定合理价格的激励机制，将是未来研究的重点之一。

（3）目前对数据质量控制的研究主要集中在数据结果的精度上。然而，在移动众包等应用场景中，人类通常会因为一些外部环境导致任务不能按时完成，进而出现数据延迟，因此如何控制数据延迟也是一个研究重点。

（4）数据是群体智能 2.0 的基础，数据安全和隐私保护显得尤为重要。联邦学习作为数据安全领域的重要技术，可广泛应用于金融、通信等领域。因此，在群体智能 2.0 时代，基于联邦学习的数据安全和隐私保护将是研究重点。

参考文献

[1] Smith J B．Collective intelligence in computer-based collaboration[M]. US: CRC Press，1994.

[2] Pierre L．Collective intelligence: Mankind's emerging world in cyberspace[M]. Cambridge: Perseus Books，1997.

[3] Surowiecki J．The wisdom of crowds[M]. Non Basic Stock Line，2005.

[4] Bonabeau E，Dorigo M，Theraulaz G．Swarm intelligence: From natural to artificial systems[M]. New York: Oxford University Press，1999.

[5] 宁焕生，朱涛．广义网络空间 [M]. 北京：电子工业出版社，2017.

[6] Li W，Wu W，Wang H，et al. Crowd intelligence in AI 2.0 era[J]. Frontiers of Information Technology and Electronic Engineering，2017，18（2）：15-43.

[7] Beni G，Wang J. Swarm intelligence in cellular robotic systems[J]. Robots and Biological Systems: Towards a New Bionics?，1993，102: 703-712.

[8] Millonas M M. Swarms，phase transitions，and collective intelligence[Z/OL].（1993-7-11）. arXiv: adap-org19306002v1.

[9] Bonabeau E，Theraulaz G，Dorigo M，et al. Swarm intelligence: From natural to artificial systems[M]. US: Oxford University Press，1999.

[10] Dorigo M. Optimization，learning and natural algorithms（in italian）[D]. Brussels: University Libre de Bruxelles，1992.

[11] Dorigo M，Maniezzo V，Colorni A. The Ant system: Optimization by a colony of cooperating agents[J]. IEEE Transactions on Systems，Man，and Cybernetics，Part B（Cybernetics），1996，26（1）：29-41.

[12] Stutzle T，Hoos H. MAX-MIN ant system and local search for the traveling salesman problem[C]. Proceedings of the IEEE International Conference on Evolutionary Computation，Indianapolis. NJ: IEEE，1997: 309-314.

[13] Bullnheimer B，Hartl R F，Strauss C. A new rank based version of the Ant System- A computational study[J]. Central European Journal of Operations Research，1997，7（1）：25-38.

[14] Karaboga D. An idea based on honey bee swarm for numerical optimization[D]. Kayseri: Erciyes University，2005.

[15] Karaboga D. An idea based on honey bee swarm for numerical optimization[R]. 2005.

[16] 张维存，赵晓巧，于万霞. 具有角色转换的自适应人工蜂群算法 [J]. 计算机工程与应用，2017，53（14）：117-122.

[17] 李艳娟，陈阿慧. 基于禁忌搜索的人工蜂群算法 [J]. 计算机工程与应用，2017，53（4）：145-151.

[18] Hancer E，Xue B，Zhang M，et al. Pareto front feature selection based on artificial bee colony optimization[J]. Information Sciences，2018，422: 462-479.

[19] 林诗洁，董晨，陈明志，等. 新型群智能优化算法综述 [J]. 计算机工程与应用，

2018，54（12）：6-14.

[20] Kennedy J，Eberhart R C．Particle swarm optimization[C]. Proceedings of the IEEE International Conference on Neural Networks．NJ: IEEE，1995: 1942-1948.

[21] Passino K M．Biomimicry of bacterial foraging for distributed optimization and control[J]. IEEE Control Systems，2002，22（3）：52-67.

[22] 李晓磊．一种新型的智能优化方法——人工鱼群算法 [D]. 杭州：浙江大学，2003.

[23] Eusuff M M，Lansey K E．Optimization of water distribution network design using the shuffled frog leaping algorithm[J]. Journal of Water Resources Planning and Management，2003，129（3）：210-225.

[24] Yang X，Deb S．Cuckoo search via levy flights[C]. Proceedings of the World Congress on Nature & Biologically Inspired Computing．NJ: IEEE，2010: 210-214.

[25] Pan W．A new fruit fly optimization algorithm: Taking the financial distress model as an example[J]. KnowledgeBased Systems，2012，26: 69-74.

[26] Shi Y．Brain storm optimization algorithm[J]. Advances in Swarm Intelligence，2011，6728: 303-309.

[27] 吴虎胜，张凤鸣，吴庐山．一种新的群体智能算法——狼群算法 [J]. 系统工程与电子技术，2012，11：2430-2438.

[28] Duan H，Qiao P．Pigeon-inspired optimization: A new swarm intelligence optimizer for air robot path planning[J]. International Journal of Intelligent Computing and Cybernetics，2014，7（1）：24-37.

[29] Preece J，Shneiderman B．The reader-to-leader framework: Motivating technology-mediated social participation[J]. AIS Transactions on Human-Computer Interaction，2009，1（1）：13–32.

[30] Ahn L V，Maurer B，McMillen C，et al．reCAPTCHA: Human-based character recognition via web security measures[J]. Science，2008，321（5895）：1465-1468.

[31] Farkas K，Nagy A Z，Tomás T，et al．Participatory sensing based real-time public transport information service[C]. Proceedings of the IEEE International Conference

on Pervasive Computing and Communications Workshops. NJ: IEEE，2014: 141-144.

[32] Rana R K，Chou C T，Kanhere S S，et al. Ear-phone: An end-to-end participatory urban noise mapping system[C]. Proceedings of the ACM/IEEE International Conference on Information Processing in Sensor Networks. NY: ACM，2010: 105-116.

[33] Ballesteros J，Carbunar B，Rahman M，et al. Towards safe cities: A mobile and social networking approach[J]. IEEE Transactions on Parallel and Distributed Systems，2014，25（9）: 2451-2462.

[34] Sullivan B L，Wood C L，Iliff M J，et al. eBird: A citizen-based bird observation network in the biological sciences[J]. Biological Conservation，2009，142（10）: 2282-2292.

[35] Lintott C J，Schawinski K，Slosar A，et al. Galaxy Zoo: Morphologies derived from visual inspection of galaxies from the sloan digital sky survey[J]. Monthly Notices of the Royal Astronomical Society，2008，389（3）: 1179-1189.

[36] 刘云浩. 群智感知计算 [J]. 中国计算机学会通讯，2012，8（10）: 38-41.

[37] Quinn A J，Bederson B B. Human computation: A survey and taxonomy of a growing field[C]. Proceedings of the CHI Conference on Human Factors in Computing Systems. NY: ACM，2011: 1403-1412.

[38] Lee J S，Hoh B. Sell your experiences: A market mechanism based incentive for participatory sensing[C]. Proceedings of the IEEE International Conference on Pervasive Computing and Communications. NJ: IEEE，2010: 60-68.

[39] Jaimes L G，Vergara-Laurens I，Labrador M A. A location-based incentive mechanism for participatory sensing systems with budget constraints[C]. Proceedings of the IEEE International Conference on Pervasive Computing and Communications. NJ: IEEE，2012: 103-108.

[40] Yang D J，Xue G L，Fang X，et al. Crowdsourcing to smartphones: Incentive mechanism design for mobile phone sensing[C]. Proceedings of the Annual International Conference on Mobile Computing and Networking. NY: ACM，2012: 173-184.

[41] Mendez D，Perez A J，Labrador M A，et al. P-sense: A participatory sensing system for air pollution monitoring and control[C]. Proceedings of the IEEE International Conference on Pervasive Computing and Communications Workshops. NJ: IEEE，2011: 344-347.

[42] Kanjo E. Noisespy: A real-time mobile phone platform for urban noise monitoring and mapping[J]. Mobile Networks and Applications，2010，15（4）: 562-574.

[43] Miluzzo E，Lane N D，Eisenman S B，et al. CenceMe-injecting sensing presence into social networking applications[C]. Proceedings of the European Conference on Smart Sensing and Context. Berlin: Springer，2007: 1-28.

[44] Han K，Graham E A，Vassallo D，et al. Enhancing Motivation in a Mobile Participatory Sensing Project through Gaming[C]. Proceedings of the IEEE Third International Conference on Privacy，Security，Risk and Trust and the Third International Conference on Social Computing. NJ: IEEE，2011: 1443-1448.

[45] Tian T，Zhu J. Max-margin majority voting for learning from crowds[J]. Advances in Neural Information Processing Systems，2015: 1621-1629.

[46] Whitehill J，Wu T，Bergsma J，et al. Whose vote should count more: Optimal integration of labels from labelers of unknown expertise[C]. Proceedings of the International Conference on Neural Information Processing Systems. CA: NIPS，2009: 2035-2043.

[47] Liu Q，Peng J，Ihler A T. Variational inference for crowdsourcing[J]. Advances in Neural Information Processing Systems，2012: 692-700.

[48] Yan Y，Fung G M，Rosales R，et al. Active learning from crowds[C]. Proceedings of the 28th International Conference on Machine Learning. NY: ACM，2011: 1161-1168.

[49] Rivest R L，Adleman L，Dertouzos M L. On data banks and privacy homomorphisms[J]. Foundations Secure Computing，1978，4: 169-180.

[50] Song D，Wagner D，Perrig A. Practical techniques for searches on encrypted data[C]. Proceedings of the IEEE Symposium on Security and Privacy. NJ: IEEE，2000: 44-55.

[51] Boneh D, Crescenzo G D, Ostrovsky R, et al. Public key encryption with keyword search[C]. Proceedings of the International Conference on the Theory and Applications of Cryptographic Techniques. Berlin: Springer, 2004: 506-522.

[52] Brightwell M, Smith H. Using datatype-preserving encryption to enhance data warehouse security[C]. Proceedings of the 20th National Information Systems Security Conference. MD: NIST, 1997: 141-149.

[53] Juels A, Kaliski J B S. PORs: Proofs of retrievability for large files[C]. Proceedings of the ACM Conference on Computer and Communications Security. NY: ACM, 2007: 584-597.

[54] Ateniese G, Burns R, Curtmola R, et al. Provable data possession at untrusted stores[C]. Proceedings of the ACM Conference on Computer and Communications Security. NY: ACM, 2007: 598-609.

[55] Zhang C, Chang E C, Yap R H C. Tagged-MapReduce: A general framework for secure computing with mixed sensitivity data on hybrid clouds[C]. Proceedings of the IEEE/ACM International Symposium on Cluster, Cloud and Grid Computing. NJ: IEEE, 2014: 31-40.

[56] Shen Q N, Qing S H, Wu Z H, et al. Securely redundant scheduling policy for MapReduce based on dynamic domains partition[J]. Journal on Communications, 2014, 35: 34-46.

[57] Ning F, Wen Y, Shi G. GuardSpark: Access control enforcement in spark[J]. Journal of Cyber Security, 2017, 2: 70-81.

[58] 周传鑫, 孙奕, 汪德刚, 等. 联邦学习研究综述 [J]. 网络与信息安全学报, 2021, 7 (5): 77-92.

[59] Bhowmick A, Duchi J, Freudiger J, et al. Protection against reconstruction and its applications in private federated learning[Z/OL]. (2018-12-13) .arXiv: 1812. 00984.

[60] Mandal K, Gong G, Liu C. Nike-based fast privacy-preserving high-dimensional data aggregation for mobile devices[J]. IEEE Depend Secure, Canada, 2018: 142-149.

[61] Cheng K，Fan T，Jin Y，et al．Secureboost: A lossless federated learning framework[Z/OL].（2019-1-25）. arXiv: 1901. 0875501．

[62] Majeed U，Hong C S．FLchain: Federated learning via MEC-enabled blockchain network[C]. Proceedings of the Asia-Pacific Network Operations and Management Symposium．NJ: IEEE，2019: 1-4.

[63] KIM Y J，Hong C S．Blockchain-based node-aware dynamic weighting methods for improving federated learning performance[C]. Proceedings of the Asia-Pacific Network Operations and Management Symposium．NJ: IEEE，2019: 1-4.

第 11 章

赛博空间主权的发展与治理

主权是国家在疆域内的最高权力，同时也代表其在国际上的独立性。赛博空间是随着互联网的诞生才出现的概念。主权在这个新兴的空间中是否仍然可以沿用？这正是近二十年来各方关于"赛博空间主权"（Cyberspace Sovereignty）争论的重点。本章首先讨论赛博空间主权的定义及人们在其发展历程中的争论。在探究赛博空间主权发展的过程中，各个主权国家纷纷出台了依照本国国情制定的法律法规，以确立其在赛博空间中的地位和权利，其中也延伸出了各种学说和治理模式。然后，本章将重点介绍这一发展历程和治理过程中出现的模式和技术。最后，本章探讨未来赛博空间主权的治理模式，为维护未来赛博空间的秩序提供思路。

本章重点

◆ 赛博空间主权的定义与概念

◆ 赛博空间中主权的争论——两派学说的交锋

◆ 赛博空间基于政治制度、法律法规的主权发展历史

◆ 赛博空间主权的治理模式

11.1 赛博空间主权的定义与争论

赛博空间主权这个概念从提出到引发热议仅仅经过了几十年的时间。分析其概念并追溯其发展史，可以挖掘出赛博空间主权的完整发展脉络，同时引发赛博空间主权到底为何物、在这个离不开网络的时代里它到底扮演着什么角色等思考。

11.1.1 赛博空间主权的定义

赛博空间主权的定义一直比较模糊，各个国家和地区对这一概念的定义都不相同，但大都从本国/本地区的情况出发进行表述。例如，2015 年，美国国防部

出台《赛博战略》（*Cyber Strategy*），从战略防卫、冲突解决和健全机制等方面阐述了美国在赛博空间安全上的态度，宣示了主权。同年，日本制定了新的《网络安全战略》（*Cyber Security Strategy*）并建立了内阁网络安全中心维护赛博空间的安全。也在 2015 年，我国颁布《中华人民共和国国家安全法》，提出"赛博空间主权"概念，保障我国在赛博空间中的发展利益。不同国家和地区关于"赛博空间主权"的定义，由于立场不同、表述不同，在国际上都不具有普适性。

赛博空间主权的普适性定义，可以参考联合国出台的文件。2013 年 6 月 24 日，第六次联合国大会颁布了 A/68/98 文件，该文件第二十条内容是："国家主权原则适用于国家从事电信领域的相关活动，以及拥有对本国领土内电信基础设施的管辖权。"之后，2015 年颁布的文件 A/70/174 中指出"国家主权原则是增强国家信息通信技术安全性的根基"。从上述两个文件的关键条例可以看出，联合国针对"赛博空间主权"的态度是遵照国家主权，其表述内容也契合国家主权的论述，这意味着国家主权延伸到了赛博空间。

结合联合国文件与各国的政策可以得出，赛博空间主权是一个全球化的概念：各国一方面加快本国的信息化技术发展，监督与治理本国赛博空间内的事务与活动；另一方面推动信息化技术在赛博空间中影响力的提升，同时也对本国赛博空间可能遭受的入侵和攻击进行防御[1]。

11.1.2 赛博空间主权的争论：自由学说 vs 主权学说

在赛博空间数十年的发展过程中，一直存在着两大派别的争论，分别是网络自由学说和网络主权学说。1996 年，John Perry Barlow 发表了《赛博空间独立宣言》（*Declaration of Independence for Cyberspace*），这是早期代表自由主义派的呐喊。他在宣言中提出赛博空间中不存在主权，赛博空间也不在任何国家边界之内，政府和统治者们应该离开赛博空间，他们的管辖都是无效的[2]。John Perry Barlow 热切地期望赛博空间能够成为自由自在的"独立领地"和"法外净土"，并且赛博空间将与传统的现实社会断绝一切治理意义上的关联。《赛博空间独立宣言》不仅描绘了对这种乌托邦世界的幻想，甚至还描写了对于网络自治实现路径的期望。在网络自由主义者的眼中，赛博空间的出现将带来一个去权威、去政府的时代[3]。学者 S. W. Brenner 认为网络时代的各种"威胁"形式已经脱离了传统时代的"地域性"特征，基于主权格局的治理范式无法在赛博空间沿用[4]。2010 年，美国出台的《国家安全战略报告》（*National Security Strategy Report*）立足国家层面，提出了"全球公域"的概念，即认为"全球公域"不受任何单个国家、组织与机构的支配[5]。美国关于赛博空间的"全球公域"认定基于自由观念，认为赛博空间应该奉行自由法则，不应像现实世界一样处处充满束缚，在赛博空间中的群体、个体都能够自由行事，享受赛博空间的便利。这样，自由观念主导了人们对赛博空间治理的早期认识。

但是，赛博空间本质上基于现实世界的空间，其中的构建、沟通、表达，都源于现实世界的事务。网络的隐匿性和开放性特点加快了网络谣言和恶意信息的传播，在某种程度上干扰了社会秩序。为了防止信息化秩序的紊乱，各国相继出台了一系列规章制度以强化赛博空间治理，使其出现了"再主权化"趋势。这种趋势表现在国家权威通过建立和完善赛博空间中的治理措施，明确主权在赛博空间的管辖范围和方式，同时，国家制定网络防御法规，对抗赛博空间中的恶意袭击，确立在赛博空间安全中的主体地位[6]。

11.2 赛博空间主权的发展

"赛博空间主权"（Cyberspace Sovereignty）这一术语最早出现在 1997 年，出自美国网络法学者吴修铭的《赛博空间主权？——互联网与国际体系》（*Cyberspace Sovereignty？——The Internet and the International System*）[7]。此后，赛博空间中一直存在着关于"客观上赛博空间是否存在"的争议。一种观点认为赛博空间的概念是一种不描述真实事物的自由意志主义幻想；另一种观点认为赛博空间是一个真正的国际空间，因此，任何赛博空间的活动都应受到管辖。尽管存在学术观点分歧，对赛博空间的治理在全球范围内都真真切切地存在着。

关于赛博空间的全球治理和赛博空间主权的研究，有着长达半个世纪的发展过程，其中包括了国家主权延伸至赛博空间、赛博空间主权发展等重大主权问题研究。

11.2.1 国家主权向赛博空间延伸

1648 年签署的《威斯特伐利亚条约》（*Peace of Westphalia*）标志着基于威斯特伐利亚主权概念的现代国际系统的开始，主权国家的概念出现并在欧洲形成了新的政治体系。这种政治体系带来的影响力使得"主权国家"这一概念逐渐成为国际法和世界秩序的中心原则[8]。第二次世界大战之后，新的国际关系体系形成，围绕联合国形成一种互联互通、协调发展的世界秩序。主权标志着一个国家在内政和外交上具有自由的权利，以及独立承担国际权利与义务的资格。而随着人类生存空间的拓展和对世界认知的深化，今天的国家主权在内涵上得到了极大的扩展，疆域的扩展、文化的延伸、网络的发展，不仅推进了国家进步，也在新的方面加强了国家主权。互联网创造了人类生活的新空间，自然也拓展了国家治理的新领域，继陆、海、空、天之后，赛博空间已经成为人类生产生活的第五疆域[9-10]。赛博空间作为新的生存空间，其中的主权问题，一直是国际上研究的热点问题。《联合国宪章》（*Charter of the United Nations*）所确定的国际法基本原则不受赛博空间的快速发展及其虚拟性、无界性等特征的影响，尊重国家主权仍然是当今国际法的基本原则，该原则自然也应当适用于赛博空间。

根据《联合国宪章》中关于国家和国家主权的论述，以及国际法中的七个基本原则，可以概括出赛博空间中有关国家主权的四大基本权利：平等权、独立权、管辖权和自卫权。这些权利在不同国家的官方文件中都有类似表述，如美国国防部关于赛博空间战略的声明和我国的网络安全法。基于这四个要点，本小节归纳了传统国家主权的内涵，并给出了延伸至赛博空间的新内涵，如表 11.1 所示。

表 11.1 传统国家主权向赛博空间的延伸

权利	内涵
平等权	• 传统内涵：各国享有平等资格和身份参与国际关系，平等享有国际法的权利并平等承担义务 • 赛博空间的内涵：主权国家在网络互联互通以及网络运行方面具有平等地位，在国际网络治理方面有平等的话语权
独立权	• 传统内涵：各国可依据自己的意志处理本国对内和对外的事务，拥有不受任何外界控制和干扰的权利 • 赛博空间的内涵：各国独立制定本国互联网政策，独立运行互联网服务，不受外界控制而停止服务
管辖权	• 传统内涵：各国对其本土内的公民与活动实行管辖，根据国情制定政治制度与社会经济制度 • 赛博空间的内涵：主权国家对本土内的赛博空间具有司法管辖的权利，包括对信息技术活动的管辖和对信息技术系统本身以及其承载的数据的管辖
自卫权	• 传统内涵：国家在遭受武装袭击时，为维护国家安全而独立或联合抵抗攻击的权利 • 赛博空间的内涵：主权国家在受到任何来自赛博空间的威胁和攻击时，采取自我防卫措施的权利

11.2.2 赛博空间主权的发展

第二次世界大战结束后，国际信息冲突已然多次发生（如印度和巴基斯坦、英国和阿根廷、伊拉克和伊朗之间的信息战争），但是并没有形成关于赛博空间主权的概念，国家之间关注的焦点仍然是传统的国家主权。20 世纪 90 年代起，赛博空间主权受到了一些国家的重视。1995 年，韩国颁布《网络安全管理规定》（*Network Security Management Regulations*）、《国家信息化基本法》（*National Informatization Basic Act*）等法规以规范赛博空间中的秩序，以政府干预的形式加强赛博空间治理[11]。1996 年，美国发布了《电信法》（*Telecommunications Act of* 1996），率先对国际互联网进行管理，其中的条款授予美国政府管理互联网的权限。1998 年，日本提出了设立"网络警察"体制的设想，体现了早期日本内阁通过制度树立政府在赛博空间中的权威的思想，并在 2005 年成立内阁官方信息安全中心。2003 年，美国颁布了《赛博空间国家保护战略》（*The*

National Strategy to Secure Cyberspace），该战略经过多年的研究和巩固完善，使得其赛博空间的国家防卫能力得到了提升。2011 年，白宫颁布《赛博空间国际战略》（*International Strategy for Cyberspace*），继续加强赛博空间治理。2005 年，美国国防部出台的《国土防御和民众支持战略》（*Strategy for Homeland Defense and Civil Support*）提出："全球公域包括国际水域、空气空间、外层空间和赛博空间"，这是美国首次将赛博空间归入"全球公域"。网络技术发达的国家认为赛博空间是自由的，并极力主张"全球公域"的观念，以便其能够最大限度地发挥网络技术优势而免于受到其他国家的指摘和阻挠。例如，2010 年，时任美国国务卿希拉里·克林顿提出"全球公域"符合赛博空间的自由特征，同时借赛博空间应该自由这一主张抨击其他国家对赛博空间的管辖制度。但是美国内部也有反对"全球公域"的主张。美国白宫网络政策评论起草人 S. Kanuck 认为"全球公域说缺乏国际法和政治经济学的理论支持"[12]，美国战略司令部官员 P. W. Franzese 剖析了"全球公域"的五大特征，认为赛博空间并不具备这些特征，也即赛博空间不属于"全球公域"[13]。

《赛博空间独立宣言》发表后掀起了一阵自由之风，但二十多年来各国实践的变化充分证明，互联网不是法外之地，国家主权有必要也有能力对赛博空间进行介入并实施管理。20 世纪 90 年代以来频发的网络入侵、网络攻击、网络犯罪等问题，让各主权国家意识到网络安全威胁的严重性，并逐步参与到赛博空间治理中。继 9·11 恐怖袭击事件之后，美国相继颁布《美国爱国者法案》（*USA Patriot Act*）、《国土安全法》（*Homeland Security Act of* 2002）、《保护美国法案》（*Protect America Act of* 2007），对赛博空间施以严格的管控。2008 年，美国通过的《国家网络安全综合计划》（*The Comprehensive National Cybersecurity Initiative*）主张捍卫赛博空间安全，这种主张带有"军事化"威慑力。

自 1999 年以来，联合国就互联网治理问题举行了各种会议。例如，在信息社会世界峰会（World Summit on the Information Society，WSIS）和互联网治理论坛（Internet Governance Forum，IGF）上，网络安全问题就是主要议题之一。2003 年 12 月 12 日，在 WSIS 2003 上发表的《原则宣言》（*Declaration of Principles*）明确提出：与互联网有关的公共政策问题的决策权是各国的主权[14]。2005 年，

WSIS 2003 第二阶段会议通过的《信息社会突尼斯议程》（*Tunis Agenda for the Information Society*）提出"网络主权已经成为国际社会真实而客观的实践"。在这次会议上，与会国单方面强调其制定相关互联网政策的主权权利，选择其权力最大化。2011 年，中国、俄罗斯、塔吉克斯坦、乌兹别克斯坦共同起草《国际信息安全行为准则》（*International Code of Conduct for Information Security*），呼吁各国围绕联合国秩序进行公平公正的讨论，以促使各国在信息和赛博空间行为的国际准则和规则上尽快达成共识[15]。2012 年 12 月，在国际电信世界大会（World Congress on Information Technology，WCIT）上，89 个发展中国家和 55 个发达国家就"成员国拥有接入国际电信业务的权利和国家对于信息内容的管理权"这一条款出现严重分歧，因为挑战了美国所拥护的互联网多利益攸关方治理模式，遭到了美国的强烈反对，美国拒绝在大会通过后的《国际电信条例》（*International Telecommunication Regulations*，ITRs）上签字。WCIT 2012 实际上变成了西方对抗其余国家和地区的战场。2013 年，北大西洋公约组织（North Atlantic Treaty Organization，NATO，简称北约）合作网络防御卓越中心发布了《塔林手册》（*Tallinn Manual on the International Law Applicable to Cyber Warfare*），其中第 1 章对国家主权和赛博空间的关系进行了论述，规定一个国家有权对其领土内的网络基础设施和网络活动实施控制，明确了在不妨碍承担相关国际责任的情况下，国家可管辖在其领土内实施网络行动的人员和位于其领土内的网络基础设施，该准则也适用于符合国际法的域外管辖情形[16]。2017 年，该组织发布的《塔林手册 2.0》（*Tallinn Manual 2.0 on the International Law Applicable to Cyber Operations*）在相应条文中对赛博空间主权进行了更为直接的规定。其中，第一条规定了国家主权原则适用于赛博空间；第二条对国家主权进行了说明，即在不妨碍履行国际法律义务的情况下，国家对其领土上的网络基础设施、人员和网络活动享有主权。

　　近些年来，赛博空间里的恶性事件时有发生。2013 年 6 月 6 日，《华盛顿邮报》（*The Washington Post*）和《卫报》（*The Guardian*）披露了"棱镜"（PRISM）的存在。"棱镜"代表"资源整合、同步和管理的规划工具"，是一种数据工具，旨在收集和处理通过美国服务器的"外国情报"。该工具直接进入美国网际网络公司的中心服务器里挖掘数据、收集情报，多个互联网巨头均参与其中，泄露"棱镜"计划的前美国中央情报局（Central Intelligence Agency，CIA）员工爱德华·斯诺登（Edward Snowden）逃离了美国并寻求国际上的政治庇护。

为避免本土数据受到监视，包括中国、俄罗斯以及欧盟在内的国家和区域一直呼吁互联网名称与数字地址分配机构（The Internet Corporation for Assigned Names and Numbers，ICANN）监管的国际化。"棱镜"事件曝光之后国际社会陷入了恐慌，德国提出构建欧洲范围内的互联网来避免美国监视的计划。2015年9月，俄罗斯授权互联网服务提供商（Internet Service Provider，ISP）托管存有俄罗斯公民个人信息的服务器，从而保护这些数据免受侵入性全球监控。2015年10月，欧洲法院否决了《安全港协议》（*Safe Harbor Privacy Principles*）。在此之前，该协议允许美国公司从欧盟以外的欧洲用户那里传输数据[17]。2015年，我国规定外国公司必须披露其软件和固件的源代码才能向中国大陆出口。迫于国际舆论形势的压力，2016年，美国宣布放弃对 ICANN 的监管，但由于美国在互联网领域有着成熟的技术生态，直到现在，美国仍掌控着赛博空间中的关键资源，间接地影响着全球互联网体系。

显然，各国对赛博空间主权虽然存在着不同的定义和看法，但是国际上关于"赛博空间主权"的认可正逐渐加强，国际社会出台的一系列规则和法律也属于对赛博空间主权进行保护的措施。

11.3　赛博空间主权的治理

从上一节介绍的赛博空间主权的发展情况可以看到，国际社会对赛博空间的关注在不断加强，一系列保护与治理措施也在不断推出和升级。在治理过程中，涌现出了三种主流的治理模式，以及各种治理技术，为赛博空间治理提供了强力支撑。

11.3.1　治理模式

赛博空间的治理模式主要可分为分布式治理、多边治理和多利益攸关方治理这三种[18]。

1. 分布式治理

随着《赛博空间独立宣言》的发表，John Perry Barlow 提出的自由主义得到了广泛的宣传。要注意的是，这种自由主义思想并不是绝对自由。在互联网发展的早期，人们主张信息自由，赛博空间中的治理是无组织且无约束的，因此这种治理模式可以被描述为一个分布式系统[19]。它反映的是一个网络规模小，能够自我监管的网络时代，正好也是互联网的早期时代。20 世纪 90 年代，互联网用户不到一百万人，现如今早已突破数十亿人，赛博空间成了现实社会中不可分割的一部分，已经到了必须进行监管的阶段。显然，这种分布式治理已无法适用于当前和未来的赛博空间治理。

2. 多边治理

有人认为赛博空间是一个混乱的领域，赛博空间中的行动无法得到安全保证，国家应该是制定赛博空间政策的主导者。这种治理规则要求在联合国建立一个机构来负责赛博空间治理，同时各个国家有权制定本国的赛博空间政策。这种多边治理模式得到了俄罗斯、中国和印度等国家的支持。很多学者也投入到这种治理模式的研究中，例如，J. L. Goldsmith 等人认为互联网虽然有着全球性的特征，但是构成互联网的硬件和软件都有具体的国籍归属，从这方面就可以赋予国家治理本土赛博空间的权利[20]。Brian Kahin 等人提出了一种新的网络治理范式，以响应监管权力中心的复杂性，利用技术标准化等新的政策工具来实现监管目标，赋予网络半主权实体的地位，并将国家的角色转向创建网络自我监管的激励结构[21]。A. Cattaruzza 等人研究了网络的碎片化特性，呼吁赛博空间的监管最好通过加强集体安全的多边治理模式来实现[22]，并列举了国际上互联网治理出现的重大分歧：一方面，美国等国家认为下文将详述的多利益攸关方治理将是通向更民主的赛博空间的唯一途径；另一方面，俄罗斯或中国等国家代表的是基于主权的多边治理理念，而中间道路是欧盟推动的包容性多边治理。

3. 多利益攸关方治理

多利益攸关方治理的倡导者认为仅靠政府无法成功监管赛博空间，并且赛博空间规范只有在使用者参与设计的情况下才会被互联网用户所接受。这种模式将增强机构、组织和商业公司在赛博空间中的合法性和权威性。这种治理模式存在着一些争议。一方面，它的核心原则是包容性和代表性，所有相关参与者都可以平等参与并发表意见。在理想情况下，利益相关方不仅要制定规范和设定自己的标准，还要定义不符合规范带来的可能后果或者处罚。另一方面，由于众多企业都可以参与这种治理模式，海量的数据都可以在他们手中流动，用户的隐私得不到有力的保护，尤其在"棱镜"事件之后，这种治理模式的合法性和可信度被削弱了。针对治理模式产生的问题，Virgílio A. Almeida 等人给出了三点建议[23]：一是改善国家和非国家行为者之间的沟通，让赛博空间战和网络安全领域的相关行为主体聚集在一起；二是促进对网络规范的讨论，对赛博空间中的行为进行适当的规范；三是使用网络安全实践来合理保护连接到互联网的系统和设备。

11.3.2 治理技术

上一小节列举了不同治理模式的特点，这些模式大多都立足于制度。在赛博空间治理这一领域，也有人从技术层面上进行了很多研究和推动。Chih-Ping Chu 等人建立了一个数字网络认证系统，试图为解决未来赛博空间国际冲突提供一个可行的解决方案，通过信息技术系统为互联网用户提供认证其国籍的机会。利用信息技术在赛博空间提供国籍识别，不仅为解决国家主权纷争奠定了基石，还可能有助于未来赛博空间国际法的发展，并为国际仲裁解决国际网络冲突提供可行的解决方案[24]。Tim Maurer 等人从技术方面（如信息加密和本地化数据存储）和非技术方面（如产业支持、国际行为准则和数据保护）对赛博空间治理进行了全面的影响评估[25]。S. D. Applegate 提出了网络动机概念，认为如果因为技术变革导致赛博空间主权的变化，可能导致赛博空间的操控方式发生重大变化[26]。

11.4 未来治理模式

未来，一种新的赛博空间主权形式可能会出现。某些非主权国家实体单位可能具有在一定程度上划定赛博空间边界、扩大自己在赛博空间中主权和影响力的能力。举例来说，一些互联网巨头不断加强自身在信息领域的影响力，对传统行业进行模式升级、改造，这种影响力逐渐蔓延至传统行业，侵蚀其他组织、实体的话语权。从国家层面上看，对这类现象的调控难点在于把控一个"度"，如果没掌控好这个"度"，这些巨头公司就有可能成为推动赛博空间主权分化（也称为"巴尔干化"）的新力量。

随着各国加强网络基础设施建设，未来的赛博空间治理充满了不确定性。新的治理模式是否会诞生？是否会爆发新的治理冲突？这都是需要国际社会共同探讨的问题。全球许多国家和机构都在加强合作。没有一个国家能独立于赛博空间，也没有一个国家能独立应对赛博空间的风险与挑战，协同维护赛博空间的秩序成为必然。"赛博空间主权是传统主权的延伸"这一概念已成为国际共识和行动指南。共同维护现有的赛博空间秩序，尊重他国赛博空间的治理方案，加强针对赛博空间中各项问题的合作与交流可能是赛博空间治理的有效途径，也可以为各国未来赛博空间治理模式提供经验。

参考文献

[1] 陈纯柱，吕晗. 网络主权：现代国家的新疆域 [R]. 中国教育报，2016.

[2] 王明进. 全球网络空间治理的未来：主权、竞争与共识 [J]. 人民论坛·学术前沿，2016，4：15-23.

[3] Eichensehr K E. The cyber-law of nations[J]. The Georgetown Law Journal，2014，103（2）：317-380.

[4] Brenner S W. Cyberthreats: The emerging fault lines of the nation state[M]. US: Oxford University Press，2009.

[5] 刘水. 网络空间主权的挑战与对策分析 [J]. 环渤海经济瞭望，2020，1：116-118.

[6] 刘杨钺，杨一心. 网络空间"再主权化"与国际网络治理的未来 [J]. 国际论，2013，6：1-7.

[7] Wu T S. Cyberspace sovereignty？—The Internet and the international system[J].

Harvard Journal of Law & Technology, 1996, 10（3）: 645.

[8] 李巍，唐健. 国际舞台上的中国角色与中国学者的理论契机 [J]. 国际政治研究, 2014, 35（4）: 40-58.

[9] 宋青励，蔡东伟. 习近平总书记网络主权论新时代价值意蕴研究 [J]. 佳木斯职业学院学报, 2019, 6: 1-2.

[10] 支振锋. 网络主权植根于现代法理 [R]. 光明日报, 2015.

[11] Deibert R, Palfrey J, Rohozinski R, et al. Access contested: Security, identity, and resistance in Asian cyberspace[M]. US: MIT Press, 2011.

[12] Kanuck S. Sovereign discourse on cyber conflict under international law[J]. Texas Law Review, 2009, 88: 1571.

[13] Franzese P W. Sovereignty in cyberspace: Can it exist?[J]. Air Force Law Review, 2009, 64: 1-40.

[14] 杨凯，唐佳鑫. 论中国网络空间主权维护——基于国际法视角 [J]. 北方论丛, 2019, 2: 122-128.

[15] Assembly U G. International code of conduct for information security[J]. 北京周报（英文版）, 2015, 54（40）: 7-8.

[16] 徐龙第，郎平. 论网络空间国际治理的基本原则 [J]. 国际观察, 2018, 3: 33-48.

[17] Cattaruzza A, Danet D, Taillat S, et al. Sovereignty in cyberspace: Balkanization or democratization[C]. Proceedings of the 2016 International Conference on Cyber Conflict. NJ: IEEE, 2016: 1-9.

[18] Sarah W. Globalizing Internet governance: Negotiating cyberspace agreements in the post-Snowden Era[C]. Proceedings of the 2014 TPRC Conference. London: Elsevier, 2014: 1-1.

[19] Deibert R, Crete-Nishihata M. Global governance and the spread of cyberspace controls[J]. Global Governance, 2012, 18: 339-361.

[20] Goldsmith J L. The Internet and the abiding significance of territorial sovereignty

[J]. Indiana Journal of Global Legal Studies，1998: 475-491.

[21] Kahin B，Nesson C．Governing Networks and Rule-Making in Cyberspace[J]. Borders in Cyberspace: Information Policy and the Global Information Infrastructure，1997: 84-105.

[22] Cattaruzza A，Didier D，Taillat S，et al. Sovereignty in cyberspace: Balkanization or democratization[C]. Proceedings of the 2016 International Conference on Cyber Conflict．NJ: IEEE，2016: 1-9.

[23] Almeida V A F，Doneda D，Abreu J S．Cyberwarfare and Digital Governance[J]. IEEE Internet Computing，2017，21（2）: 68-71.

[24] Chu C，Liang T，Huang K．International security competition and debates on state sovereignty in the cyberspace and suggest plausible means[C]. Proceedings of the International Conference on Applied System Invention．NJ: IEEE，2018: 1334-1337.

[25] Maurer T，Skierka I，Morgus R．Technological sovereignty: Missing the point?[C]. Proceedings of the 7th International Conference on Cyber Conflict: Architectures in Cyberspace．NJ: IEEE，2015: 53-68.

[26] Applegate S D．The principle of maneuver in cyber operations[C]. Proceedings of the 4th International Conference on Cyber Conflict．NJ: IEEE，2012: 1-13.

第 12 章

赛博犯罪

赛博空间诞生之后，各种形式的赛博犯罪开始发生。首先，随着赛博空间在人类生活中所占的比重越来越大，赛博空间与物理空间、社会空间、思维空间的融合越来越紧密，赛博犯罪的形式呈现多元化趋势，严重影响人们的生产生活。其次，几乎所有在现实空间中可以犯下的罪行都在赛博空间中得到了新的发展和实现。随着赛博犯罪在世界范围内的蔓延和进化，其危害性受到了人类的广泛关注，一些研究人员开始针对赛博犯罪进行研究。本章首先对赛博犯罪定义的发展历程进行介绍，然后分别介绍两类赛博犯罪的典型案例，接着介绍赛博犯罪的研究历史，最后介绍国内外计算机病毒防治的历程。

本章重点

◆ 赛博犯罪的定义
◆ 赛博犯罪的代表性案例
◆ 国内外赛博犯罪的研究发展史
◆ 计算机病毒防治历程

12.1　赛博犯罪的定义

随着计算机技术的发展，人类的工作和生活与赛博空间的联系越来越紧密，赛博空间中的犯罪也越来越多样化。随着赛博空间中犯罪手段的增多，用于指代此类犯罪的名称也从计算机犯罪演变为赛博犯罪，在此演变过程中，其定义也发生了变化。表 12.1 按照时间顺序列出了不同来源的赛博犯罪相关术语定义。

表 12.1　赛博犯罪相关术语的定义

年份	来源	定义
1979	美国国家司法研究院	计算机犯罪：一类是在计算机系统内犯下的一种白领罪行；另一类是利用计算机作为商业犯罪的工具[1]

年份	来源	定义
1979	美国国家司法研究院	与计算机相关的犯罪：任何一种基于对计算机技术了解的非法行为都可能是与计算机相关的犯罪[1]
1991	中国公安部计算机管理监察司	计算机犯罪：以计算机为工具或以计算机资产为对象实施的犯罪行为[2]
1995	联合国预防和控制计算机相关犯罪手册	赛博犯罪包括欺诈、伪造和未经授权的访问等形式[3]
2000	第十届联合国预防犯罪和罪犯待遇大会	狭义的赛博犯罪（计算机犯罪）包括以电子操作为手段，以计算机系统及其处理的数据为目标的任何非法行为[4] 广义的赛博犯罪（与计算机有关的犯罪）包括通过计算机系统或网络或与计算机系统或网络有关的任何非法行为，包括通过计算机系统或网络非法占有和提供或分发信息等犯罪[4]
2005	欧洲理事会赛博犯罪条约	赛博犯罪包括从针对数据的犯罪活动到侵犯版权的各种犯罪[3]
2008	印度果阿邦政府	赛博犯罪包括 2000 年《信息技术法》（2000 年第 21 号中心法）下的所有罪行，以及使用电子设备实施的任何其他罪行
2021	维基百科	赛博犯罪，或以计算机为导向的犯罪，是一种涉及计算机和网络的犯罪。计算机可能被用于犯罪，也可能成为犯罪目标。赛博犯罪可能威胁到个人、公司或国家的安全和金融健康

12.2 赛博犯罪案例

赛博犯罪的动机不同，形式也多种多样。一些赛博犯罪通常需要犯罪分子掌握高超的计算机技术或信息技术，且通常发生在赛博空间中，对其的监管和治理给人类来了新的难题。而另一些赛博犯罪可以被认为是传统犯罪在赛博空间中的延伸或变种，可以使用一些现存的治理方法和法律条文对这些犯罪进行监管和治理。本节将前一种犯罪称为赛博空间犯罪，将后一种称为赛博使能犯罪。

12.2.1 赛博空间犯罪

随着新技术、新内容的出现，人们的赛博空间生活日新月异，而这些新技术和新内容也被犯罪分子所利用，为赛博空间中一些全新形式的犯罪滋生创造了条件。与以往的犯罪不同，这些新型犯罪往往发生在赛博空间中。此外，犯罪分子的计算机技术水平一般较高，通常通过入侵或攻击他人信息系统的手段进行犯罪。这些新型犯罪被称为赛博空间犯罪。

根据对系统的影响的不同，赛博犯罪可以分为四种类型：犯罪行为对系统基本没有危害；犯罪行为并没有导致系统崩溃，但导致系统输出的结果错误；犯罪行为窃取了信息系统资源；犯罪行为导致系统崩溃，用户无法正常使用系统。表12.2列举了这四种类型的特点和典型案例。

表 12.2　赛博空间犯罪的四种类型

类型	特点	典型案例
犯罪行为对系统基本没有危害	虽然系统受到攻击或入侵，但其运行逻辑和资源没有受到威胁	网络恶作剧
犯罪行为并没有导致系统崩溃，但导致系统输出的结果错误	系统被恶意修改，有可能导致用户认为他们在正常使用系统，但是输出的结果是错误的	恶意修改系统的输入、系统的内部逻辑或系统的输出
犯罪行为窃取了信息系统资源	系统遭到恶意入侵，未经授权的攻击者获得了对系统特定资源的访问权限	窃取机密文件、机密数据、机密代码或算力资源等
犯罪行为导致系统崩溃	系统受到恶意攻击，导致用户无法使用系统	导致系统软件崩溃或硬件崩溃的犯罪行为

根据上述定义和分类，第一起赛博空间犯罪发生在 1971 年。美国计算机程序员 John Thomas Draper 入侵了美国电话电报公司（American Telephone & Telegraph，AT&T）的电话网络，实现了免费拨打电话。

1981 年，Ian Murphy 也侵入了 AT&T 网络，并改变了计量费率的内部时钟，让人们在下午享受到了深夜折扣。他因此被判 1000 小时的社区服务和两年半的缓刑。

1982 年，一名 15 岁的高中生 Elk Cloner 开发出了第一个计算机病毒，用于恶作剧。这个病毒被他以自己的名字命名，通过软盘传播，被此病毒感染的计算机每启动 50 次就会显示一首关于该病毒的诗：

Elk Cloner:

The program with a personality

It will get on all your disks

It will infiltrate your chips

Yes it's Cloner!

It will stick to you like glue

It will modify RAM too

Send in the Cloner!

这个病毒就是一个网络恶作剧，它除了在受感染的计算机上显示一首"小诗"之外，没有造成其他影响。

1988 年，小球病毒出现在中国，这是我国发现的第一例计算机病毒。当被感染的系统时钟处于半点或整点，且在进行读盘操作时，屏幕上会出现一个活蹦乱跳的小圆点作斜线运动，当碰到屏幕边沿或者文字就立刻反弹，英文碰到小球时会被整个削去，中文碰到时会被削去半个或整个，它也可能留下制表符乱码。

1989 年，首批大规模勒索软件案件出现了。一种名为 AIDS 的恶意软件感染了多达 2 万名用户，他们参加了世界卫生组织艾滋病大会。该勒索软件通过软盘传播，一旦计算机被安装了此软件，计算机中的文件将在计算机重启 90 次后被加密。计算机的所有者被要求向 PC Cyborg 公司支付 189 美元的"许可费"，以换取解密密钥来解锁其计算机。最终，进化生物学家 Josef Popp 博士被确认为这种病毒的开发者，他最终被英国反病毒行业发现，并在苏格兰场被逮捕并拘留。

1995 年，第一个宏病毒 Concept 诞生。宏病毒是用宏语言编写的病毒，宏语言是嵌入应用程序中的编程语言。1996 年上半年，在所有的病毒感染案例中，受 Concept 病毒感染的只占不足两成，但到 1997 年 2 月底，已有超过 35,000 台计算机被证实受 Concept 病毒感染。Concept 病毒的主要攻击目标是微软公司的 Word 软件，微软在其网站上上传了一个扫描和修复工具以对抗该病毒。

1999 年，第一个群发电子邮件的病毒 Melissa 诞生。据统计，Melissa 病毒共计侵入了全球 100 多万个电子邮件账户，估计造成了 8000 万美元的损失。此病毒的作者——美国新泽西州计算机程序员 David L. Smith 最终在联邦监狱服刑 20 个月，并被罚款 5000 美元。它被认为是第一个成功群发电子邮件的病毒。

2003 年，历史上传播最快的蠕虫病毒 SQL Slammer 诞生。它在不到 10 分钟的时间里，被传播到了近 75,000 台机器上。它主要的攻击手段是感染 SQL 服务器，进行拒绝服务攻击，拖慢网络速度。

2017 年 5 月，WannaCry 加密蠕虫病毒在全球范围内发起了 WannaCry 勒索软件攻击。该病毒攻击运行微软 Windows 操作系统的计算机，通过加密计算机中的数据来向计算机所有者勒索比特币赎金。据估计，这次攻击影响了 150 个国家，总计 20 多万台计算机，造成的总损失可能在数亿美元到数十亿美元之间。

12.2.2 赛博使能犯罪

随着计算机及相关技术的发展，一些传统犯罪得到了新的变化和发展。这种犯罪被称为赛博使能（Cyberenabled）犯罪。与传统犯罪相比，赛博使能犯罪的隐蔽性更强、规模更大、跨地域更容易，这也导致其犯罪成本更低、犯罪主体变得更复杂、犯罪频率大幅提高。在给物理空间、社会空间和思维空间带来巨大冲击的同时，赛博使能犯罪也给赛博犯罪治理带来了更多的挑战。在物理空间、社会空间、思维空间中存在的传统犯罪，经赛博使能化后成为赛博使能犯罪，而赛博使能犯罪也会反过来对物理空间、社会空间和思维空间产生影响，如图 12.1 所示。

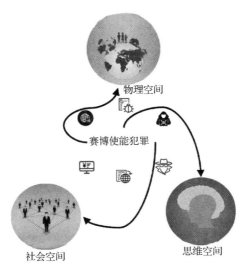

图 12.1 赛博使能犯罪影响传统空间

1. 赛博使能犯罪作用于物理空间

传统的物理空间犯罪通常需要犯罪分子与受害者直接接触。但经过赛博使能化之后，犯罪分子无须与受害者在物理空间中接触，便可以实施犯罪。例如，犯罪分子可以通过入侵并控制系统，命令系统过载运行，通过远程操作来完成对物理空间中设备的损坏。同样，许多传统的经济犯罪，如欺诈、挪用公款等，经过赛博使能化之后在赛博空间中也变得更容易实施且更难监管。随着人类在赛博空间花费的时间越来越长，越来越多的传统犯罪发展为赛博犯罪，并对物理空间产生影响。例如，1958 年，在硅谷发生了世界上第一起与计算机有关的犯罪，但直到 1966 年 10 月这起犯罪事件才被发现。1966 年 10 月，当 Donn B．Parker 在美国斯坦福研究所调查与计算机有关的事故和犯罪时，他发现一名计算机工程师通过修改程序对银行余额进行了篡改[5]。1973 年，纽约当地一家银行的出纳员用计算机盗用了 150 多万美元。1986 年，计算机操作员陈某利用其计算机知识伪造存折和隐形印鉴，诈骗他人财产，这是我国第一例涉及计算机的犯罪[6]。2010 年，震网（Stuxnet）计算机病毒入侵了伊朗的核设施系统，并对物理空间中的设施进行了攻击。

2. 赛博使能犯罪作用于社会空间

在社会空间中，信息的共享和传递有着重要的作用。以互联网为代表的信息技术极大地促进了信息的流动，使得信息可以以传统传播渠道无法比拟的速度进行传递。而与此同时，通过互联网，一个小小的谣言或虚假信息可以在瞬间发送给数百万甚至上千万名用户，而其影响力也因转发和评论成倍增加。以往的信息传递分享方式经过赛博使能化之后，被不法分子利用，就可能通过在互联网平台散布虚假信息和谣言，造成社会混乱。对于个人的诽谤和谣言会损害个人声誉，给受害者造成重大精神伤害，并严重影响其人际关系和生活。对于公共事件进行捏造的网络谣言和虚假信息会破坏公众对政府、社会和政治系统的信任，也容易引发意识形态混乱，影响人们对社会稳定发展的信心。例如，2010 年 2 月 20 日至 21 日，关于山西某地区要发生地震的消息通过短信、网络等渠道疯狂传播，由于听信"地震"传言，山西太原、晋中、长治、晋城、吕梁、阳泉六地几十个县市数百万群众于 2 月 20 日凌晨开始走上街头"躲避地震"，山西省地震局官网一度瘫痪。21 日上午，山西省地震局发出公告辟谣。山西省公安机关立即对谣言来源展开调查，后查明造谣者共 5 人，并依法对这 5 名造谣者进行了处理。

3. 赛博使能犯罪作用于思维空间

知识产权是思维空间的组成部分之一，它是无形的、独一无二的。在当今社会，随着互联网时代信息技术的飞速发展，大量的艺术作品已经从传统形式转变为网络形式，并在赛博空间迅速传播。而随着越来越多的人具有通过互联网搜索工具寻找资源的能力，在赛博空间侵犯知识产权对人类的知识产权构成的威胁也越来越大。对个人来说，这侵犯了他们的著作权、窃取了他们的智力成果，动摇了人类对科研和文艺创作的热情，这可能会导致越来越多的人不愿意在互联网上分享知识，使得人类在思维空间中的相互交流受到阻碍。对于企业来说，这种赛博使能化的知识产权侵犯使得企业的技术、品牌、专利等无形财产遭到窃取，导致市场上不正当竞争的发生，严重降低企业的利润，从而导致企业缺乏创新动力。对于一个国家来说，企业和个人的创新动力、知识产权的重要作用和国家发展的动力都会因此受到影响。这方面的犯罪案例很多。例如，2018 年，美国报道有 144 所大学和另外 21 个国家的 176 所大学遭到黑客攻击，这场为期三年的行动导致约 30 亿美元的知识产权损失，31TB 的信息被盗。许多攻击都使用了尖端的鱼叉式网络钓鱼技术，有 1 万多名教授和 47 家私营公司也受到了攻击。

12.3　赛博犯罪研究历史

作为一种新兴的犯罪方式，赛博犯罪不仅对公私财产、知识产权和个人隐私构成巨大威胁，而且直接危害国家政治、经济、文化等方方面面，甚至危及国家主权和国家安全。随着互联网本身和使用目的日新月异的发展，赛博犯罪分子的作案手法、作案工具乃至作案目的也在不断变化，一直以来也是相关领域学术界研究的重要方向。因此，本节对赛博犯罪的研究历史进行概述。

在机构设置方面，许多公司、高校和研究机构等组织成立新部门对赛博犯罪进行研究。这些部门或机构的研究成果极大地帮助了人类对赛博犯罪的理解和应对，并且其中一些已经直接转化为赛博犯罪法律。表 12.3 列出了部分赛博犯罪研究部门或机构。

表 12.3　部分赛博犯罪研究部门或机构

名称	成立时间	隶属对象或性质	地点
美国司法部刑事司计算机犯罪和知识产权科	1996 年	美国政府	美国
CERT 分部	1988 年	卡内基梅隆大学	美国
网络安全和网络犯罪调查中心	1998 年	都柏林大学	爱尔兰
亚洲网络法学院	1999 年	非政府营利性组织	印度
计算机犯罪研究中心	2001 年	非营利非政府组织	乌克兰
澳大利亚高科技犯罪中心	2003 年	澳大利亚政府	澳大利亚
微软数字犯罪部	2005 年	微软	美国
网络犯罪研究中心	2006 年	纽约市立大学约翰·杰伊刑事司法学院	美国
欧洲网络犯罪中心	2013 年	欧洲刑警组织	荷兰
安全与犯罪研究中心	2014 年	非营利非政府组织	意大利
网络安全与犯罪研究中心	2015 年	政府部门	中国
犯罪与安全研究所	2015 年	卡迪夫大学	英国
数据保护和网络犯罪司	—	欧盟委员会	欧洲

其中，中国的网络安全与犯罪研究中心于 2015 年 5 月 12 日由中国人民大学刑事法律科学研究中心、中国犯罪学学会、腾讯研究院犯罪研究中心在北京共同成立，但中国学术界对于赛博犯罪的研究早在 20 世纪 80 年代就已经开始。

与美国和欧洲各国相比，我国计算机与互联网的发展有一定的滞后性，对于赛博犯罪的研究也是如此。作为一种舶来品，我国学术界对赛博犯罪的称呼也经历了一个演变的过程，而称呼演变的过程也在一定程度上体现了我国学术界对于赛博犯罪研究历程的转变。

从 20 世纪 80 年代开始，我国学术界多用计算机犯罪一词来指代赛博犯罪。20 世纪 80 年代初，与美国和欧洲各国相比，我国计算机和网络的普及程度较低，且赛博犯罪在我国尚未发展开来，因此，我国学术界对于此领域的研究多集中于对国外计算机犯罪及反计算机犯罪情况的介绍与分析。1981 年，蔡仁兴在其文章《电子计算机犯罪的时代》[7] 中，对美国发生的计算机赌场犯罪、14 岁少年破坏计算机数据等多起计算机犯罪案例进行了介绍，并对计算机犯罪的管理措施进行了探讨，提出"应该摸索出一条既保护人权又消除计算机犯罪的社会发展道路，贡献给子孙后代"。1984 年，郑列在其文章《利用计算机犯罪与反计算机犯罪》[8] 中，通过分析发生在美国、日本等国家的计算机犯罪案例，对计算机犯罪进行了分类介绍，并简单介绍了一些美国、日本等国预防和侦破计算机犯罪的技术，例如，要求计算机操作者持有带密码的通行证、在计算机上安装记录和监视装置、扣押和审查计算机日志等。1987 年，刘小沛在其文章《国外计算机安全立法情况及国内现状》[9] 中对发达国家的计算机安全立法情况进行了介绍，并对各国计算机安全立法的发展方向和我国计算机安全立法问题进行了分析。

1986 年，中国第一例涉及计算机的犯罪出现[6]；1988 年，小球病毒出现在中国。1998 年 6 月，第三次全国计算机安全技术交流会在江苏常州召开，会上一些学者对计算机犯罪相关的内容发表了自己的见解。例如，李飞鹏对我国计算机犯罪的趋势进行了预测[10]，吴亮对特洛伊木马、逻辑炸弹、后门、蠕虫等计算机病毒概念，以及分割模型、流模型、病毒检查、病毒实验等计算机病毒防护和恢复知识进行了介绍[11]。自此之后，我国学术界对于赛博犯罪的研究不再局限于对国外相关情况的分析，在对计算机犯罪的分类[12]、应对对策[13-14]、相关法律等内容进行研究[15-16]时，更多地结合我国的计算机犯罪案例和实际情况开展。

随着互联网的发展以及计算机与网络的紧密融合，赛博犯罪变得更加复杂，我国开始有学者使用网络犯罪一词来指代互联网时代的计算机犯罪。1995 年，杜适在其文章《网络犯罪问题亟待解决》[17] 中对日本和美国的赛博犯罪情况进行了介绍，并指出虽然网络范围在不断扩大，但是为了网络的真正普及，必须正视管理机制方面存在的问题。而作为英文单词 Cybercrime 的译法之一，赛博犯罪一词也被我国学者所使用。2001 年，高惠娟在其文章《点击赛博犯罪》[18]中使用赛博犯罪一词指代在赛博空间中发生的种种罪行，并对赛博犯罪日益猖獗的原因进行了分析。随着计算机与互联网技术在我国的普及与发展，我国学术界对于赛博犯罪的研究也在不断发展，特别是在针对赛博犯罪的立法[19-21]、防护治理[22-23]、侦破[24-25]等方面的研究呈现出与时俱进的特点。

12.4 计算机病毒防范治理

随着赛博空间的延伸，赛博空间与物理空间、社会空间、思维空间的融合越来越紧密，在赛博 - 物理 - 社会 - 思维融合的超空间[26]中，赛博犯罪造成的危害也日益加剧，客观上推动了赛博犯罪防范治理技术的演化与发展。计算机病毒是实施赛博犯罪的主要手段之一，本书 12.2 节已经介绍了其危害。为应对病毒的攻击与破坏，防毒、杀毒软件应运而生，本节简介其发展历程。

1972 年，为了找到并删除由 Bob Thomas 编写的计算机蠕虫 Creeper，美国程序员 Ray Tomlinson 编写了 Reaper 程序。Reaper 会像计算机病毒一样通过 ARPANET 在计算机中传播，但它的目的只是从受 Creeper 感染的计算机中删除 Creeper，因此有些人认为 Reaper 是第一个反病毒程序，但它的出现也引发了争议，认为它是一个有特殊用途的病毒，而非一个反病毒程序。

1987 年，德国计算机安全专家 Bernd Fix 研究出一种消除 Vienna 病毒的办法，这是第一个有公开记录的、公认的反病毒程序。

1988 年，德国的 G Data 公司为 Atari ST 计算机开发了世界上第一款杀毒软件。同年，美国公司 McAfee 发布杀毒软件，命名为 McAfee LiveSafe。

1990 年，王江民把防范六种不同计算机病毒的程序集成到一起，命名为 KV6，这成为中国第一款杀毒软件。1996 年江民科技在北京中关村成立。同年，拥有灾难恢复功能的 KV300 上市。1998 年，江民公司首创了广谱码特征技术，利用病毒程序中通用的特征字符串，实现了用一个特征码查找多个病毒的功能。为了方便用户及时更新软件的特征码，以应对计算机病毒的变化，王江民将病毒特征码更新在软件报上，让用户自己添加特征码。

2008 年，McAfee 推出了 Artemis，这是一种基于云的反恶意软件，被添加到当年的 McAfee VirusScan 版本中。

2009 年，Panda Security 公司推出 Panda Cloud Antivirus 杀毒软件，这款杀毒软件基于云，不需要使用用户机器的大量处理能力就可以在远程服务器上扫描文件。

2010 年，奇虎 360 公司在 360 杀毒 2.0 中集成了其新推出的奇虎支持向量机（Qihoo Support Vector Machine，QVM）人工智能引擎，利用支持向量机算法进行未知病毒识别。

2010 年起，免费杀毒软件在国内成为主流。

防毒、杀毒软件并不能保障用户不受电脑病毒的侵害。电脑病毒防范应该采取预防为主的策略，应安装杀毒软件及网络防火墙，及时更新病毒库，不随意安装来路不明的软件，不访问安全性未知的网站，也可以在网络管理或 IT 支撑部门的协助下采取关闭多余端口等措施。

参考文献

[1] Parker D B. Computer crime: Criminal justice resource manual[EB/OL].（1989-8）[2022-6-13].

[2] 许秀中. 网络与网络犯罪 [M]. 北京：中信出版社，2003.

[3] Gordon S，Ford R. On the definition and classification of cybercrime[J]. Journal in Computer Virology，2006，2（1）：13-20.

[4] Gercke M. Understanding cybercrimes: Phenomena，challenges and legal response[EB/OL].（2012-9）[2022-6-13].

[5] Li J. Cyber crime and legal countermeasures: A historical analysis[J]. International Journal of Criminal Justice Sciences，2017，12（2）：196-207.

[6] 韩贤海. 计算机犯罪若干问题研究 [D]. 上海：复旦大学，2008.

[7] 蔡仁兴. 电子计算机犯罪的时代 [J]. 世界科学，1981，8：15-30.

[8] 郑列. 利用计算机犯罪与反计算机犯罪 [J]. 法学，1984，6：18-19.

[9] 刘小沛. 国外计算机安全立法情况及国内现状 [J]. 计算机工程与应用，1987，6：50-53.

[10] 李飞鹏. 我国计算机犯罪的发展趋势预测 [C]// 第三次全国计算机安全技术交流会. 北京：中国计算机学会，1988.

[11] 吴亮. 计算机病毒 [C]// 第三次全国计算机安全技术交流会. 北京：中国计算机学会，1988.

[12] 李飞鹏. 计算机犯罪的分类 [C]// 第四次全国计算机安全技术交流会. 北京：中国计算机学会，1989.

[13] 段宁华. 计算机犯罪及其对策的研究 [J]. 中南政法学院学报，1989，1：30-34.

[14] 罗海燕，罗彬. 浅谈当前银行电子计算机犯罪及防止措施 [J]. 计算技术与自动化，1990，4：61-66.

[15] 马秋枫. 关于制定计算机犯罪刑事法律对策的设想 [C]// 第四次全国计算机安全技术交流会. 北京：中国计算机学会，1989.

[16] 李季，苗地. 用法律调整计算机犯罪的几点建议 [C]// 第六次全国计算机安全技术交流会. 北京：中国计算机学会，1991.

[17] 杜适. 网络犯罪问题亟待解决 [J]. 广东金融电脑，1995，6：33-33.

[18] 高惠娟. 点击赛博犯罪 [J]. 河南公安高等专科学校学报，2001，1：61-63.

[19] 于志刚. 网络犯罪的代际演变与刑事立法、理论之回应 [J]. 青海社会科学，2014，2：1-11.

[20] 赵宝华. 论我国计算机网络犯罪的刑事立法完善 [J]. 青春岁月，2014，3：220-220.

[21] 陈兴良．网络犯罪的刑法应对 [J]. 中国法律评论，2020，1：88-95.

[22] 兰迪．高新科技犯罪防控机制研究 [J]. 江西警察学院学报，2015，1：68-74.

[23] 王大伟．计算机网络犯罪及其防治对策浅谈 [J]. 网络安全技术与应用，2005，6：66-68.

[24] 李润松．计算机网络犯罪及其侦查研究 [D]. 北京：中国政法大学，2006.

[25] 武玥．计算机网络犯罪侦查与法律监督 [D]. 上海：华东政法大学，2016.

[26] Ning H，Liu H，Ma J，et al. Cybermatics: Cyber-physical-social-thinking hyperspace based science and technology[J]. Future Generation Computer Systems，2016，56: 504-522.

第 13 章

赛博空间战研究历史

随着人工智能、无人系统和 5G 等新兴技术的出现与发展，赛博空间作为新的空间存在形式得到了长足的发展，并对各国经济、政治、军事及装备建设等多个领域产生了深远的影响。数字化技术的诞生与兴起，使军事作战领域从原来的水、陆、空、太空扩展至赛博空间，深刻影响着军事作战形态，并赋予现代战争智能性、交叉性和破坏性强的新特点[1]。在赛博空间进行作战，作战形式和取胜机制都发生了重大变化。在作战中应用更具网络智慧的军工策略、武器装备，并积极培养具有赛博空间专业素养的人才以及筹备可应对赛博空间战的作战组织，是在愈发复杂的赛博空间战争形势中取得胜利的关键。本章将从赛博空间战的内涵、军事策略发展史、相关教育发展史、赛博化军事组织发展史、重大赛博空间战演习、重大赛博空间战六个方面，阐述赛博空间战的发展史。

本章重点

◆ 赛博空间战内涵的变化历程
◆ 赛博空间战相关策略的发展历程
◆ 重大的赛博空间战

13.1　赛博空间战的内涵

随着信息科技的发展，赛博空间战的智能化程度在不断提高。从最初对政府计算机的破坏，到对武器装备的改造升级，再到无人武器设备的问世，赛博空间战的作战形态不断变化，这导致了对赛博空间战的认知及相关术语的变化。表13.1罗列了赛博空间战及相关术语在不同时期的含义，这些含义考虑了技术发展、作战形态等多种因素。

表 13.1 赛博空间战及其相关术语在不同时期的含义

时间	术语	出处	含义
1992	赛博战	《赛博战要来了！》（Cyber-war is Coming!）[2]（美）	赛博战可以说是 21 世纪的一种"闪电战"，它通过采取一系列攻防手段来保护己方信息系统的安全并破坏敌方信息系统
2005	赛博空间作战	《国防部军事及相关术语词典》（Department of Defence Dictionary of Military and Associated Terms）（美）	通过借助赛博空间或其赛博能力，来达到军事目的的活动的统称
2008	赛博空间作战	《赛博空间作战定义》（Definition of Cyberspace Operations）（美）	赛博空间作战是对赛博空间能力的运用，其宗旨是在赛博空间内或以赛博空间为手段实现目的。这类作战包括计算机网络作战和运营，以及防卫全球信息栅格
2010	赛博战	《论赛博战》（On Cyber War）（美）	在赛博空间，为满足在政治、经济和领土等方面的军事目的，调用兵力攻击敌方军事及工业目标的一种冲突
2012	网电空间战	《网电空间战》（Cyber War）（美）	通过侵入敌方计算机或网络的手段，来实现对敌方进行干扰或破坏的活动
2014	赛博空间作战	《赛博空间作战》（Cyberspace Operations）（美）	赛博空间作战是对利用赛博空间进行的军事活动、情报活动和日常业务运营的总称
2015	赛博空间作战	《美国舰队网络司令部 / 第十舰队战略规划 2015—2020》[U.S. Fleet Cyber Command, U.S. 10th Fleet Strategic Plan (2015—2020)]（美）	通过使用网络能力在赛博空间完成任务，或以赛博空间为手段完成任务
2021	赛博战	《大英百科全书》（Encyclopedia Britannica）（英）	赛博战，是由国家或其代理人对其他国家发动的在计算机和连接计算机的网络中进行的战争

　　赛博空间的发展为作战提供了新的平台。随着信息技术的不断发展，世界各国及地区纷纷重视起这种新的作战形态，并不断加强计算机技术在军事中的应用与发展。赛博空间战的演化与发展，是多个方面共同作用的结果，包括网络化军事策略与教育的发展、网络化军队建设以及网络化演习与实战等。

13.2 军事策略发展

武器化战争向信息化战争、智能化战争的转变，导致原有的军事策略不再具有完全适用性，寻求符合战争形势变化的有效策略及方案成为各国家及地区重要的研究内容。此外，政府与科技公司的联合研究开始加强，这将有利于军方依靠最新信息技术，制定符合本国军事发展的战略方针。本节介绍部分国家出台的具有重要发展意义的军事策略，还罗列了部分国家联合出台的军事策略，这是外交发展在军事领域的重要体现。

1. 美国

赛博空间的发展带来许多全新设计的智能化武器装备。因此，原有的针对传统武器的军事策略不再具有完全适用性，需要结合智能化武器的新特点，合理地改进或开发新的武器管理策略。以美国地面无人装备为例，美军出台了包括《无人机系统线路图 2005—2030》（*Unmanned Aircraft Systems Roadmap 2005—2030*）、《五角大楼无人系统综合路线图（2017—2042）》（*Pentagon Unmanned Systems Integrated Roadmap 2017—2042*）等一系列专门用于管理特定军事用途武器装备的策略与发展计划。2008 年，IBM 开始开发脑启发式超级计算系统，这项工作是同美国空军一起进行的。2009 年，美国提出《国家网络安全综合计划》（*The Comprehensive National Cybersecurity Initiative*）并准备实施，该计划的覆盖范围包括全美的安全部门，还强调重点建设"国家网络靶场"。2011 年，美国发布《美国国防部赛博空间行动战略》（*U.S. Department of Defense Strategy for Operating in Cyberspace*），用于减少本国及盟友在赛博空间领域可能受到的各种威胁。2012 年，美国国防高级计划研究局着手准备一项新的研究，命名为"PLAN X"。PLAN X 的目标在于，研究在具有实时性的大规模动态网络中，如何及时、有效地理解并应对赛博空间战中的核心计算机技术。2014 年，《第三次抵消战略》（*The Third Offset Strategy*）的提出，使美军在赛博空间战中的研究方向开始向机器学习等新兴技术转变。2015 年，国防部提出了《国防部网络战略》（*The Department of Defense Cyber Strategy*），增加了美军在赛博空间战训练与演习中的财政投入，这一举措也从侧面反映出美国对赛博空间作战的重视程度。2017 年，美国国防部正式推出"Maven"项目，主要目标是加速人工智能等新型技术在赛博空间中的研究与应用。2018 年，研究报告《未来地面部队人机编队》（*Human-Machine Teaming for Future Ground Forces*）发布，详细阐述了未来地面作战中人机混合编队的主要形式，以及目前编队方式面临的挑战。同年，美国对《国家网络安全战略》（*National Strategy to Secure Cyberspace*）进行了更新，该战略强调不仅要使用防御手段，也应使用进攻手段维护自身利益。2019 年，美国国防高级计划研究局发布"智能神经接口"（Intelligent Neural Interfaces，INI）和"人工智能科学和开放世界探索学习"（Science of Artificial Intelligence and Learning for Open-world Novelty，SAIL-ON）项目公告，来促进赛博空间战中人机融合智能的良性发展。同年 9 月，《2019 年人工智能战略》（2019 *Artificial Intelligence Strategy*）被提出，美军继续阐述人工智能等技术在赛博空间作战发展中的重要意义。同年 12 月，美军开始计划研制类人机器人，这从研究报告《2050 年的赛博格战士：人机融合与国防部的未来》（*Cyborg Soldier* 2050：*Human/Machine Fusion and the Implications for the Future of the DoD*）可以看出端倪。2020 年 1 月，美国发布《防务简述：赛博空间作战》（*Defense Primer*：*Cyberspace Operations*），介绍了目前美国在赛博空间领域开展作战的相关情况。2020 年 3 月，"赛博空间日光浴委员会"（Cyberspace Solarium Commission，CSC）正式制定并发布分层网络威慑策略，该策略用于与盟友建立网络安全合作关系并通过军事干预从源头制止不安全网络行为。同年 4 月，国防高级计划研究局发布了名为"用于快速战术执行的空域全感知"的项目，该项目联合陆军和空军，致力于探索空中作战模式在未来战场的表现形式。此外，国防高级计划研究局还公布了名为"联合全域作战软件"的项目，将研究范围扩展到全域，并公布了"高噪声中等规模量子优化器件"项目，拟将量子技术融入军事对抗过程中，同时还公布了"开放编程安全 5G"（Open Programmable Secure- 5G，OPS-5G）项目，用来尽可能避免 5G 技术带来的赛博空间战危险因素。

2. 俄罗斯

2014 年，俄罗斯国防部制定并批准了一项全面的目标计划——《2025 年前未来军用机器人研发》。俄罗斯跟美国一样，也十分重视人工智能、机器学习等技术在军事中的发展与应用。基于此，目前俄军已经出台了《未来俄罗斯军用机器人应用构想》等多项规划。

2017 年，俄罗斯发布《俄罗斯的军事现代化计划：2018—2027》，想要在这十年间缩小在无人机和精确制导武器等领域与国际领先水平的差距。根据哈佛大学 2017 年的一份报告，俄罗斯计划从 2030 年起，将 30% 的作战力量部署至智能机器人等作战平台，这也显示了俄军对这种新型作战方式的重视程度。2019 年，俄联邦安全会议公布了俄罗斯在新时期发展中军队的一项主要任务，即加大投入研制现代化武器装备，并积极寻求将人工智能等技术嵌入军事装备发展中。

3. 以色列

以色列是第一批透露已经部署了全自动军事机器人的国家之一，并开始在实际的边境巡逻中部署军用无人驾驶汽车。更进一步，以色列还计划在这些无人驾驶汽车中安装武器装备。

2020 年 2 月，以色列国防部正式对外公布"推进力"计划，该计划主要用来敦促本国将最新的计算机技术应用到军事领域中。同时，以色列国防部购买"诡火术士"系统，构建本土军用防护体系。

4. 中国

早在 2000 年，中国就发布了《全国人民代表大会常务委员会关于维护互联网安全的决定》。2016 年，《国家网络空间安全战略》发布。2017 年，国务院公布了《新一代人工智能发展规划》，战略目标包括到 2030 年人工智能理论、技术与应用总体达到世界领先水平。该规划同样十分重视在军事、国防中使用人工智能等技术。2019 年，《新时代的中国国防》白皮书对人工智能等新兴技术在未来军事领域可能带来的变革进行了进一步的说明。

5. 其他国家和地区

日本于 2010 年发布了《信息安全战略》（*Information Security Strategy*），

该战略明确要求各重要部门构建相应的网络安全架构体系，以应对随时可能出现的危害网络安全的行为。在印度发布的《2015 年军队远景规划》（2015 *Military Vision*）中，构建一支信息化的军队成为印军接下来的发展目标，同时该远景规划希望可以加速印军智能化武器装备的研发进程。2016 年，英国颁布《2016—2021 年国家网络安全策略》（*National Cyber Security Strategy* 2016—2021），该战略提出对英国的网络攻击是对英国经济和国家安全的极大威胁。2018 年，法国公布了《2018 年网络防御战略评论》（2018 *Strategic Review of Cyber-defense*），概述了法国整体的网络防御策略。2019 年，法国公布新的法国军事网络战略，涵盖了防御性网络战争的部长级政策和军事网络战争学说等内容。2020 年，波兰发布《国家安全战略》（*National Security Strategy*），明确将赛博空间安全作为重点保护对象。2020 年 9 月，英国皇家联合军种国防研究所（Royal United Services Institute for Defence Studies，RUSI）在正式发布的文件中，提出了"赛博空间作战防御反应框架"（State Cyberspace Operations：Proposing a Cyber Response Framework）。日本防卫省在 2021 年度发布的《防卫白皮书》中表明，要充分利用网络相关技术加强部队建设。

6. 多边合作

除了部署应用于本土的军事策略外，一些国家和地区还积极联合起来，共同加强网络安全保护工作，就共同构建赛博化军事防御策略达成一致。

2009 年 11 月，美国首次同俄罗斯在网络军事控制方面进行商讨，并在同年 12 月继续围绕该问题进行磋商。2011 年，美国与澳大利亚达成一致，在双方共同防御策略的基础上，增加关于双方网络安全合作方面的内容。2013 年，日本、美国首次开展"网络对话"，并在加强网络合作方面发表相关声明。此外，在 2013 年召开的"2+2"安保协议委员会会议上，美国和日本希望可以联手应对网络攻击。2015 年，日本、美国开展名为"山樱"的联合演习，并在此次演习中首次加入赛博空间战相关内容，并宣称双方的合作协定中将包含赛博空间安全相关合作内容。2019 年，欧洲防务局（European Defense Agency）发布名为"网络防御态势感知快速研究原型机"（Cyber Defence Situation Awareness Package Rapid Research Prototype，CySAP-RRP）的新项目，有西班牙、德国和意大利参与。

该项目的目标是提高军队的感知能力。

7. 总结

各个国家和地区与赛博空间相关的军工策略一直在不断地进行调整，以适应各自的军事智能化发展。表 13.2 列举了一些国家近年来与赛博空间相关的军事报告和战略文件。这些文件都提及了赛博空间对本国军事的重要影响及作用，并且认为它们可以成为指导本国未来军事发展的重要支撑材料。

表 13.2　一些国家近年来与赛博空间相关的军事报告和战略文件

国家 / 地区	年份	名称
美国	2014	《赛博空间作战》（ *Cyberspace Operations* ）
	2015	《第三次抵消战略》（ *The Third Offset Strategy* ）
	2015	《国防部网络战略》（ *The Department of Defense Cyber Strategy* ）
	2018	《美国国防战略》（ *National Defense Strategy of the United States* ）
	2018	"联合企业防御基础设施"（ The Joint Enterprise Defense Infrastructure，JEDI ）项目招标文件
	2019	《2018 年国防部人工智能战略概要：利用人工智能促进安全与繁荣》（ *Summary of the* 2018 *Department of Defense Artificial Intelligence Strategy: Harnessing AI to Advance Our Security and Prosperity* ）
	2019	《2019 国防部云战略》（ *DoD Cloud Strategy* ）
	2019	《2019 国防部数字现代化战略》（ *DoD Digital Modernization Strategy* 2019 ）
	2019	《联邦网络安全研发战略规划》（ *Federal R&D Strategic Network Security Planning* ）
	2019	《2020 财年国防授权法案》（ *National Defense Authorization Act for Fiscal Year* 2020 ）
	2019	《人工智能准则：推动国防部以符合伦理的方式运用人工智能的建议》（ *AI Principles: Recommendations on the Ethical Use of Artificial Intelligence by the Department of Defense* ）
	2020	《2021 财年国防授权法案》（ *National Defense Authorization Act for Fiscal Year* 2021 ）

续表

国家 / 地区	年份	名称
俄罗斯	2014	《俄联邦信息安全战略构想（草案）》[*Information Security Doctrine of the Russian Federation*（draft）]
	2015	《俄联邦国家安全战略》（*National Security Strategy of the Russian Federation*）
	2017	《重要信息基础设施安全法》（*Law on Security of Critical Information Infrastructure*）
	2019	《2030 年前俄罗斯国家人工智能发展战略》（*National Strategy for the Development of Artificial Intelligence before 2030*）
新加坡	2016	《网络安全战略》（*Cybersecurity Strategy*）
	2018	《国家网络安全总体规划简介》（*Factsheet on National Cyber Security Masterplan*）
英国	2016	《2016—2021 年国家网络安全战略》（*National Cyber Security Strategy 2016—2021*）
	2017	《民用核网络安全战略》（*Civil Nuclear Cyber Security Strategy*）
法国	2018	《2018 年网络防御战略评论》（*2018 Strategic Review of Cyber Defense*）
	2019	《法国军事网络战略》（*French Cyber Military Strategy*）

13.3 赛博空间战相关教育的发展

构建一支能力优良的赛博军事组织，不仅需要依靠相应的策略加以规划，还需要培养专业人才，完成高质量的队伍建设工作。为此，众多国家纷纷设立专业的研究院所，并在高校课程中讲解赛博化军事相关知识，来培养信息化专业军事人才。

1995 年，16 位具有赛博空间专业知识的士兵从美国国防大学（National Defense University）毕业，他们具有使用计算机相关知识进行网络攻防的能力。

1999 年，美国实施了"国家信息安全教育培训计划"，累计有 23 所院校参与该计划的实施，并成立了相应的学术交流中心，设计了一系列相关课程，并且这些课程的授课对象覆盖面较广。

冷战结束后,俄罗斯对国内的军事科研机构进行了合并与精简,但到2003年,国防部仍然有超过30家军事科研机构,用于进行武器装备的研究与新型军事人才的培养。

2012年,美国空军军械学院开设有关网络知识的相关课程,这些课程主要包含攻击与防御方面的网络专业知识,致力于培养学生如何将传统战斗模式与网络相关知识结合,培养具有新型作战能力的信息类军事人才。两年后,西点军校特别设立了网络战研究院,专门培养信息化军备力量。

2014—2017年间,10个大型科研院所和研究中心在俄罗斯成立,以研究人工智能、机器人和无人机等众多智能化技术。

13.4 赛博化军事组织的发展

专业素养高的赛博化军事组织与军队,可以用来维护本国/地区在赛博空间中的军事安全。为了实现这一目标,不同国家与地区精心筹备、组建专业性强的赛博化军队,专门对赛博空间进行监测,以及时查明潜在的赛博化军事威胁,甚至抢先对其他国家、地区与组织发动赛博空间战。

俄罗斯的信息安全委员会和其他部门配合实施赛博空间战攻防。1998年,全球网络作战联合特遣队(Joint Task Force-Global Network Operations)成立,用来保护美国在赛博空间的安全。1999年,印度海军成立了"道尼尔-228"中队,专门用于进行赛博空间战攻防。

2001年,英国成立了"黑客"秘密部队,为军情六处的下属机构。2002年,印度成立了三军联合计算机应急分队和"黑客"分队,来保卫本国网络安全。2005年,美国成立网络战联合功能构成司令部(Joint Functional Component Command-Network Warfare,JFCC-NW),用于及时应对网络攻击,并保护美国网络安全。同年,印军分别在陆军总部和其他重要部门成立网络安全总部与分部,积极排查潜在的网络安全风险并进行信息防护。

2006年,德国联邦国防军组建了一支具备高水平计算机相关专业能力的黑客部队，并不断壮大队伍力量。同年，美国也对原有的第 67 信息战联队进行改编且将其更名为第 67 网络联队。此外，美国国防部还在同年组织筹建了网络媒体战部队，该部队更注重对舆情的引导。韩国也于 2006 年宣布成立网络司令部，并于第二年开始启用。2007 年，由美国空军组建的第一个赛博空间战司令部，已经具备战斗能力并成为一级司令部。2009 年，英国政府成立了网络安全办公室和网络安全行动中心，分别用来协调政府间及政府与民间机构的赛博空间安全事项。同年，美军组建了网络联合职能司令部，致力于实现网络攻防的一体化建设，并向实战化方向迈进。2010 年，美军重组现有机构，通过合并原网络联合职能司令部和网络作战联合特遣队，形成了赛博空间司令部，并直接隶属于战略司令部。同年，日本成立了空间防卫队，韩国正式启动组建"网络司令部"。此外，从 2010 年起，韩军网络司令部开始从民间招募后备力量，研发军用网络系统并进行实时监测。

2012 年，美军筹建"联合网络中心"，它们被部署在各战区总部，用来缓解美国网络司令部的网络监测压力。此外，美国国防部开始筹建赛博战部队（Cyber Warfare Force，CMF），更加重视赛博空间战这一战争形式。

2013 年，日本成立网络安全战略本部，并设置了"网络防卫队准备室"。同年，美国网络战司令部宣布增强网络军队的力量，计划新增的网络部队高达 40 支。日本自卫队于 2014 年 3 月新成立"网络防卫队"，用于收集网络安全相关情报并及时处理网络攻击。2014 年，美国在《四年防务评估报告》（The Quadrennial Defense Review，QDR）中明确提出"投资新扩展的网络能力，建设 133 支网络任务部队"的目标。2014 年，俄罗斯国防部成立了机器人技术科研实验中心，以及应用人工智能技术进行相应研发的专门机构——"先期研究项目基金会"（The Foundation for Advanced Research Projects），并在 2015 年成立了国家机器人技术和基础要素发展中心（National Center for the Development of Technology and Basic Elements of Robotics），通过高科技创新来增强国防并支撑国家安全，加大对颠覆性技术的投资。

2017 年，美国时任总统特朗普组建了网络审查小组，该小组由军队、执法机构和私营部门三方组成，旨在对覆盖关键基础设施的本土网络防御进行全面评估。同年，英国成立并启用英国国家网络安全中心（National Cyber Security

Center，NCSC），来应对复杂的网络攻击。为推动人工智能等新兴计算机技术在军事领域的应用与发展，美国国防部成立了"算法战跨职能小组"。2018 年，美军第十联合作战司令部成立，该部门由美军网络司令部重组而来，并获得了更高程度的重视。2018 年，美国空军人工智能跨职能小组成立，致力于将人工智能等先进技术融入空军技术的发展过程中。2020 年，美国陆军筹备组建了陆军部管理办公室战略行动部（Department of the Army's Management Office-Strategic Operations，DAMO-SO），该部门的工作涉及赛博空间战、人工智能等多个前沿领域。同年，美国海军开始启用名为"网络制造厂"的赛博空间武器研发中心，致力于将最新技术融合到武器及软件开发中。

由以上发展进程可见，各个国家和地区都在积极开展军队信息化、数字化和智能化建设，尽可能实现更高技术水平的信息攻防。发展到今天，各个国家和地区依旧在组建新的信息化军队或对原有军队进行数字化改造，来适应军事组织在赛博空间战中的技术需要。

13.5　重大赛博空间战演习

越来越多的国家、地区及组织开始积极进行赛博空间战演习，来提防可能出现的各种网络威胁与不安全行为。演习活动可以提高军队的警惕性，通过模拟各种可能的网络攻击活动，来加强网络监管与应急处理能力，避免在实战中蒙受巨大损失。

13.5.1　单边演习

美国已经组织多次网络战演习活动，用来检验本国军队在网络环境下的攻击能力与防御能力。

2007 年，美国开展网络反恐演习，并将其命名为"沉默地平线"，希望通过演习的方式，实际检验美国军网在实际防御过程中的能力。2008 年，美国计划建设"国家网络靶场"，致力于提供较为逼真的虚拟环境，来模拟真实的赛博空间战中可能出现的各种攻击及潜在安全情况，确保在实际作战场景中，能以有效的手段应对敌方的进攻。

从 2012 年开始，美国每年都举办由网络司令部牵头进行的"网络卫士"演习，并且有联邦调查局和国土安全部的参与。该演习的目的十分明确，是要协调好军队与政府等机构的信息共享机制，从而打造一套一体化网络监测体系。2014 年，美国开展了名为"大胆美洲鳄鱼"的赛博空间军事演习。在该演习中，海军陆战队测试了"战术网络靶场"。"战术网络靶场"同"国家网络靶场"的目的一致，均通过逼真的模拟来达到及时处理网络不安全行为的目的。2015 年，美国颁布的《美国武装力量联合训练手册》明确指出："国防部应把真实的赛博空间条件融入所有兵棋推演和演习中"。依照该手册要求，美军会根据真实赛博空间战的发展变化，及时调整赛博空间战模拟环境。例如，更新军队的训练设备，并为他们提供更先进的移动终端。

2017 年，美国空军司令部开展了名为"黑恶魔"的赛博空间安全演习，并通过博弈的方式，有效检验了攻防两方面的能力。2020 年 2 月，美国开展了名为"狩猎行动"的赛博空间战演习，用来提高自身的防御能力；5 月，美国推出"太空靶场"，模拟网络攻击，以及时制定应对策略，打造卫星运营商的防护墙。2021 年，美国陆军将"网络闪电战"演习转变为"多领域实时作战"，用来训练军队在跨域环境下的协作能力，并精准确定作战需求。

通过美国在赛博空间战的演习情况可以发现，其演习规模在逐步增大，模拟场景在逐步丰富，参与人员在逐步增加，演习方式在逐步多样化，并辅以立法来保障演习质量。这从侧面反映出美军对赛博空间战的重视程度逐渐提高。

13.5.2　多边演习

除了在本国进行军事网络化演习之外，不少国家、地区和组织还联合起来，共同进行赛博空间战军事演习，来提升在网络中的合作默契程度。

2006 年，美国联合英国、加拿大、澳大利亚和新西兰四个国家，并协同国内的政府部门、电力公司、互联网公司，共同开展"网络风暴 - Ⅰ"演习，通过攻防互相检验基础设施的安全性。2008 年的"网络风暴 - Ⅱ"演习仍是这 5 国参与，但演习还包括了美国的私营部门、联邦政府和各州政府。2010年，美国继续开展"网络风暴 - Ⅲ"演习，并将参与国扩展到包括意大利、日本在内的13个国家。同年，英国着手准备建立联合网络靶场。同美国"国家网络靶场"的建设目的一致，英国致力于为本国网络军队提供一个逼真的模拟环境。此外，该联合网络靶场还将"蜜罐"技术引入其中，致力于收集更多的攻击方式来扩充军队的处理能力。英国还计划将网络靶场与美国相关机构联合，测试该靶场在赛博空间中的作战能力。"网络风暴 - Ⅲ"演习之后，"欧洲2010网络"联合演习拉开了序幕，该演习意在检验欧洲范围内进行联合赛博空间战的攻防能力。值得一提的是，本次演习不仅有欧盟成员国，还包括挪威、冰岛和瑞士三个非成员国。

2013年，11个国家参加了"网络风暴 - Ⅳ"演习。此外，2016年和2018年美国分别启动了"网络风暴 - Ⅴ"和"网络风暴 - Ⅵ"演习。"网络风暴2020"也在2020年举行。2020年11月，北约成员国与欧盟、部分北约伙伴国联合组织了名为"网络联盟"的赛博空间战演习活动，参与国（或地区）的数量达到历史新高，该活动有效检验了北约的网络防御能力。

和单边演习的发展状况一致，多边演习的规模也持续扩大，参与国（或地区）的数量也在增长，并且参与演习的实体已经不局限于国家和地区层面，地方政府甚至民间组织也开始加入到演习当中。

13.6　重大赛博空间战

迄今为止，全球已经发生过许多重大的赛博空间战，本节将赛博空间战分为基于信息攻防的赛博空间战和基于智能武器的赛博空间战两类，并对其典型案例进行阐述。

13.6.1　基于信息攻防的赛博空间战

早期的赛博空间战以入侵别国重要电子设备为主。在完成入侵后，攻击方可能会监听情报、窃取机密，甚至故意篡改正常程序，植入木马病毒，来达到自己的军事目的。

1999 年，海湾战争首次将网络攻击从演习转变为现实。战争开始之前，美国特工已经替换了原伊拉克防空系统中的特定芯片，而新的芯片携带可以被操纵的计算机病毒。在战争开始之前，美国通过远程控制，成功激活病毒，导致伊拉克防空系统的主计算机程序出现错误，给伊拉克造成沉重打击。同年的科索沃战争中，博弈双方也使用网络攻击等手段，试图突破对方的网络防御并造成对方网络瘫痪。双方均通过注入大量垃圾信息的方式，试图攻击对方网络。

2002 年，印度国防部网站遭到了名为"G Force"的组织的攻击。"G Force"不仅在网站中散播虚假信息，还将色情网站链接放在目标主页中。2005 年，韩国外交通商部网站同样遭到黑客攻击，数小时后网站才恢复正常。

2006 年，在黎巴嫩真主党和以色列的冲突中，以色列就成功使用计算机病毒干扰了真主党的电视直播。2007 年，以色列还成功入侵了叙利亚的防空雷达网，对叙利亚的防空系统造成了沉重的打击。2008 年，俄罗斯曾对格鲁吉亚发起网络攻击，使格鲁吉亚物流、通信等方面的网络发生崩溃，格方的战斗力被大大削弱[3]。同年，"雷金"恶意软件的问世给包括俄罗斯、巴基斯坦、印度在内的多个国家的政府机关、研究部门造成了严重困扰。该恶意软件可以存在于寄主计算机中并偷偷收集敏感数据。2010 年，伊朗核设施网络系统遭到了大规模蠕虫病毒攻击，该蠕虫病毒被命名为"震网"（Stuxnet），具有结构复杂、隐匿能力强的特点。该蠕虫病毒被认为可能是敌对国国家级层面研发的网络武器。

对敌方机密信息系统进行打压始终是重要的赛博空间战形式。

2011 年，美国启动"网络黎明"计划，该计划用来攻击利比亚的石油系统，并取得了成功。2012 年，以色列等国家遭到了名为"火焰"的病毒攻击，该病毒可以对多种信息进行窃取，包括屏幕信息、键入信息、通话信息等。这种新型的"电子间谍"代表了赛博空间情报活动的新动向。2014 年 11 月，索尼公司遭到了网络攻击，美国指责该行为是朝鲜所实施。2014 年 12 月 22 日至 23 日，朝鲜境内发生大规模网络瘫痪。同年 12 月，乌克兰全境大约有三分之一的地区出现持续的断电，这是一次有组织的网络攻击行为所导致的后果。

2016 年，为应对"伊斯兰国"极端组织，美国开始使用网络进攻的方式打击与镇压该组织。2019 年，美国启用"宙斯炸弹"网络作战计划，试图通过攻击伊朗防空等重要网络体系来达到削弱伊朗作战能力的目的。同年 11 月，印度的库丹库拉姆核电站确认感染了计算机病毒，并且该病毒具有极强的嗅探与收集信息能力。

13.6.2　基于智能武器的赛博空间战

随着信息技术的发展，越来越多的传统武器开始进行智能化改造，武器装备同样被赋予数字化、智能化特征。此外，随着人工智能、计算机视觉等新技术的出现，无人装甲车、无人机、无人潜艇开始亮相，并在军事装备中占据重要的地位。

第二次海湾战争中，美军在后勤保障系统中使用了射频识别等先进技术，作战效率得到了有效提升。此外，美军还将射频识别标签安装在士兵衣服中用于受伤士兵的定位与追踪。

2008 年初，首辆"守护者"（Guardium）无人车装备亮相以色列装甲部队。该车是世界上首辆可控自主无人车，具有高度自主控制能力。此外，大量的传感器与摄像头使车辆可以感知周围环境，进而根据周围情况做出相应的快速反应。

2016 年，俄罗斯在叙利亚行动中首次使用了无人战车以及无人侦察车进行实战，开创了无人装备从辅助作战走向引导作战的先河。同年，以色列开始在边境部署无人驾驶汽车，用来进行边境安全巡查工作。此外，以色列还积极对这些无人驾驶汽车进行改装，部署武器装备以加强这些汽车的作战能力。

2020 年，俄罗斯使用"Uran-6"扫雷机器人进行排雷操作。该机器人由操作人员在半径为 800 米的范围内遥控，具有极高的灵活性，还配备多个高清摄像头，可以有效监测周围环境。

参考文献

[1] 张智敏，石飞飞，万月亮，等. 人工智能在军事对抗中的应用进展 [J]. 工程科学学报，2020，42（9）：1106-1118.

[2] Arquilla J，Ronfeldt D. Cyberwar is coming![J]. Comparative Strategy，1997，12（2）：141-165.

[3] Swanson L. The era of cyber warfare: Applying international humanitarian law to the 2008 Russian-Georgian cyber conflict[J]. Loyola of Los Angeles International and Comparative Law Review，2010，32（2）：303-333.

第 14 章

赛博空间协调与治理机制研究

赛博空间在不同的发展时期有不同的协调与治理机制，这些机制从技术、法律和人文等方面规范赛博空间的活动，保证赛博空间的正常、有序、健康发展。本章从赛博空间协调与治理的定义入手，阐述其发展历程与治理对象的变化，进而论述赛博空间协调与治理机制的范围。最后，通过近年来国家间协调与治理的具体实例，阐明协调与治理的必要性。

本章重点

◆ 赛博空间协调与治理的定义

◆ 赛博空间协调与治理对象的演变

◆ 国际、国家、社会和个人赛博空间协调与治理机制的发展历程

14.1　赛博空间协调与治理的定义及治理对象

赛博空间发展初期，政府的管理曾一度缺位。但互联网的不断普及和在线人数的不断增长，为赛博空间带来了新的问题和挑战。为了赛博空间的更好发展，一些国际组织或国家与地区组织开始尝试治理赛博空间，并从各个层面对赛博空间建立约束机制。本节就赛博空间协调与治理的定义和治理对象的发展历程进行阐述。

14.1.1　赛博空间协调与治理的定义

传统上对赛博空间协调与治理机制的定义往往离不开国家和组织的影子。各国政府通过采取一定的方法对本国进行宏观调控，来促进国家的稳定与发展[1]。而赛博空间由于其虚拟化的特征，不同于传统意义上的协调与治理。20世纪70年代，互联网处于起步阶段，赛博空间的协调和治理意识亟待加强。人类对于赛博空间协调与治理的主要关注点在于技术的开发和普及。此时，美国政府承担了赛博空间治理的主要角色，并为互联网的前期发展定下了基调。美国政府当时认

为，赛博空间不应受到政府的过度干预，政府应允许其自由发展，建立一种自由、互助和平等的平台。正是因为这种自由发展的基调，导致美国政府在初期对赛博空间（当时主要是网络）的协调和治理更加侧重于技术方面的统一性，如开发传输控制协议／互联网协议（Transmission Control Protocol/ Internet Protocol，TCP/IP）和网络控制协议（Network Control Protocol，NCP）。这些底层技术的实现从某种方面来说促进了互联网发展和赛博空间的普及。

20 世纪 80 年代初期，各种互联网组织如雨后春笋般出现，这些组织虽不尽相同，但大都具有追求自由与平等的思想。人们积极参与到这个充满自由的空间中，为互联网生态和技术做出了贡献。此时，赛博空间协调与治理的含义是在自由平等的前提和美国政府的影响下，由网络公民的自觉意识建立起来的潜在规则。

20 世纪 90 年代，互联网热潮让赛博空间在世界范围内迅速发展。互联网不再是一个独立于现实的空间，而是逐渐嵌入人类生活和国家治理的方方面面。许多学者逐渐注意到赛博空间协调与治理机制的复杂性和独特性，对此进行了广泛的研究。例如，Walter W. Powell 和 Andrea Larson 研究了网络组织形式并给出了自己的定义[2-3]。Candace Jones 等人提出了赛博空间治理理论[4]。一些国际组织和国家、地区此时也开始就此问题进行研究。

到 21 世纪，随着赛博空间中各种矛盾频繁出现，国际组织愈发注意到赛博空间协调与治理的重要性。2003 年，信息社会世界峰会（World Summit on the Information Society，WSIS）在日内瓦召开。这次会议汇集了来自政府和私营部门的 40 多位成员，讨论了互联网协调和治理的各种问题，成立了互联网治理工作组（Working Group on Internet Governance，WGIG）和互联网治理论坛（Internet Governance Forum，IGF）。在 WSIS-II/PC-3/DOC/05 工作报告中，互联网的协调与治理被定义为"政府、私营部门和社会在各自的角色中发展和应用共同的原则、规范、规则、决策程序和计划，推动互联网的发展和使用"[5]。此时，只是对技术进行规范和定义的互联网协调和治理已经显得不够完善，对包括公共政策问题在内的互联网协调和治理势在必行。同时，还应考虑政府、私营部门和民间力量的作用和职责分工。这次会议标志着互联网的主体已经从学术界转向社会，互联网不再只是学术交流的平台，而是一个大众化的平台。

进入 21 世纪后，赛博空间的功能作用进一步增强。一些新型犯罪和战争也开始在互联网上发展。例如，2008 年 8 月俄格冲突期间，俄罗斯在战争还未开始的时候就对格鲁吉亚的互联网进行攻击，导致格鲁吉亚政府网站瘫痪了整整 24 小时。2010 年，"震网"病毒攻击了伊朗的核基础设施和工业控制系统，造成高额经济损失。2013 年，Edward Snowden 披露了"棱镜门"等大量事件，各国政府对赛博空间更加关注，开始加强对赛博空间的管理和约束。为加强国际合作，各国家和地区先后成立事件响应与安全小组论坛（Forum of Incident Response and Security Teams，FIRST）等很多组织。这代表着一些国家和地区以及组织已开始尝试进驻赛博空间并制定有关赛博空间行为的法律和规范。随着互联网对世界的影响力不断增强，国家和地区以及组织进行赛博空间治理已成为一种趋势。为了适应赛博空间的发展情况，一些国家也对赛博空间协调与治理的定义进行了新的阐述。例如，美国凭借其资源和技术优势，始终保持在赛博空间协调与治理中的优势地位，同时定义了赛博空间稳定、繁荣和和平的发展要求及治理模式。这种模式虽然宣称是为了"平等、自由和人权"，但一系列事件（如"棱镜门"等）也暴露了此模式背后"美国优先"的真实目的。

14.1.2 赛博空间协调与治理的对象

20 世纪，赛博空间协调和治理机构尚未形成对赛博空间参与者的管理体系。协调与治理的主要对象是基本的计算机体系结构和协议规范。Vinton Cerf 和 Robert Kahn 使用 TCP/IP 解决了 NCP 无法连接到异构网络的问题，为赛博空间的信息传输奠定了基础。国际标准化组织（International Organization for Standardization，ISO）为了解决此问题制定了开放系统互连（Open System Interconnect，OSI）模型，这成为赛博空间的底层传输协议。近乎开放的空间激发了赛博空间先驱者们的创造力和活力，在创新中形成的规范为互联网的普及奠定了基础。

进入 21 世纪后，互联网的普及为赛博空间注入了新的活力，同时也带来了信息丢失、数据爆炸等问题。为了解决这些问题，赛博空间协调与治理的对象扩展到了数据和用户，包括用户上传的各种数据、软件和作品等。为保证创新活力，对原作者进行知识产权保护开始受到重视。同时，一系列规章制度被制定出来，以保证互联网参与者活动的有序性，并为用户制定了一系列约束条件，还制定了对损害他人利益及公共利益者的惩罚措施。

随着赛博空间的深入发展，一些国际组织和国家、地区开始主动制定详细的战略和法律来限制赛博空间中的行为。大多数国家、地区和组织将赛博空间分为三层，即物理层、逻辑层和内容层。在物理层，根据适用性规则制定底层架构和规范，并在国际标准下制定了一系列区域标准。在逻辑层，规范赛博空间信息、肯定创新的价值、保护创作者的利益成为协调与治理的共识。在内容层，国家、地区和组织制定行为准则，在线社区在道德上限制企业及个人的行为。此时，治理的对象转化为组织和个人。治理随时间的推移而不断演变，如图 14.1 所示。

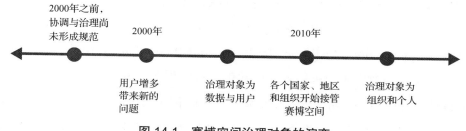

图 14.1 赛博空间治理对象的演变

14.2 赛博空间协调与治理研究

赛博空间协调与治理是与赛博空间的发展同步进行的。本节从国际、国家/地区、社会与个人四个层次探讨赛博空间协调与治理的发展。

14.2.1 国际治理

根据成员国的范围，国际赛博空间组织可以划分为全球性组织和区域性组织。这些国际组织的协调和治理主要针对本组织的会员国，对赛博空间的标准化及和谐发展做出了贡献。这些组织调研赛博空间面临的主要问题，确立相应的议题，通过会议等形式组织成员国进行讨论，进而得到统一的解决方案，推动赛博空间的发展。国际上一些部门和机构在赛博空间中也拥有一些实质性的权力，这些权力大多是个别国家为了促进赛博空间发展而主动或被迫放弃的。例如，于 2016 年脱离美国监管的 ICANN 具有管理 IP 地址空间和域名分配管理的权力。这些权力由非营利组织持有，让赛博空间更加公平。区域性组织为该地区成员国之间的合作与发展提供平台。与全球性组织相比，区域性组织更关注本区域的实际发展，从区域发展的角度制定相应的措施。同时由于地理因素，在网络基础设施交易、赛博空间刑事调查等方面，区域内可以有更实际的合作。在进入 21 世纪之前，赛博空间的发展处于萌芽状态，互联网的协调和治理并未引起太多的注意。那时，大多数推动赛博空间产生和发展的组织从互联网的最初想法被提出开始，就致力于网络架构的标准化。1959 年，第一届国际信息处理会议召开，会上 Christopher Strachey 等人提出了互联网的最初想法[6]。在这次会议的基础上，国际信息处理联合会（International Federation for Information Processing，IFIP）于 1960 年正式成立，该组织致力于促进信息的标准化和信息共享。1972 年，由于当时的网络互联协议只能为同构网络提供互联服务，限制了网络的普及。为了推动网络的发展，促进网络的同质化，在 Steve Crocker 创建的 ARPANET "网络工作组"的基础上，国际网络工作组（International Network Working Group，INWG）正式成立。该组织是一个非正式小组，主要研究异构网络中的通信协作问题。该小组为异构网络的实现提供了许多想法。TCP/IP 于 1973 年由 Vinton Cerf 和 Robert Kahn 共同提出。TCP/IP 是前面这些思想融合的最终结果，使得异构网络也可以提供互联服务。INWG 只独立存在了很短的时间[5]，后来被 IFIP 接收为下属小组。1979 年，DARPA 成立了互联网控制与配置委员会（Internet Control and Configuration Board，ICCB），负责监督因特网技术的发展。1982 年，在美国国防部的推动下，TCP/IP 成为赛博空间信息传输的标准。1983 年，ARPANET 宣布使用 TCP/IP 取代 NCP。同年，互联网咨询委员会（Internet Advisory Committee，IAC）取代 ICCB 监督技术发展。1984 年，基于 Hubert Zimmermann 于 1980 年提出的 OSI 草案，ISO 与 ITU 联合发布了著名的 ISO/IEC 7498 标准[7]，最终形成了标准化的 OSI 模型，促进了网络互联的标准化。1985 年，互联网工程任务组（The

Internet Engineering Task Force，IETF）成立，从技术角度推动互联网的发展。TCP/IP 和 OSI 是互联网最重要的协议，现在依旧有着巨大的影响。

进入 20 世纪 90 年代后，互联网底层的标准化进程结束，但互联网的快速发展带来了许多新问题，如隐私泄露、黑客攻击等。一些最早的国际组织开始合并、转移以形成新的机构来解决这些新问题。与此同时，区域性组织也开始出现在治理领域，并在区域性的互联网协调与治理中发挥了关键作用。1990 年，事件响应与安全小组论坛成立，专注于促进计算机安全事件响应团队之间的合作。同年，亚太经合组织（Asia-Pacific Economic Cooperation，APEC）成立了电信和信息工作组，作为亚太地区赛博空间贸易自由化和赛博空间政策交流的平台。1992 年，互联网协会（Internet Society，ISOC）成立，IAC 组织更名为互联网架构委员会（Internet Architecture Board，IAB）。ISOC 在推动互联网全球化、加快网络全球互联、开发互联网软件、提高世界互联网普及率等方面发挥了重要作用。ISOC 的成立，也标志着互联网不再局限于学术界，逐渐发展到产业界。之后 IETF 宣布并入互联网协会。OECD 也成立了信息安全与隐私工作组（Working Party on Information Security and Privacy，WPISP），以提高相关国家及地区隐私保护和安全水平。1994 年，ISOC 与 IEEE 联合成立了互联网技术委员会（Internet Technology Committee，ITC），致力于跨学科的技术交流和最先进的通信及相关技术在互联网基础设施和服务中的应用。1998 年，ICANN 成立，接管了互联网数字分配机构（The Internet Assigned Numbers Authority，IANA）协调和发布网络地址和域名的职能，标志着互联网不再独属于美国，而是真正成为一个全球性的独立赛博空间（但 2016 年 10 月 1 日前 ICANN 仍受美国监管）。

进入 21 世纪后，随着互联网的发展，网络犯罪等诸多新型问题频发。在联合国的推动下，WGIG 和 IGF 成立并开始使用传统政府的一些方法来约束用户的行为。此时，一些传统组织也开始参与赛博空间治理工作。2001 年，欧洲委员会通过了第一个打击网络犯罪的国际公约《网络犯罪公约》（*Cyber-crime Convention*），将一批赛博空间行为定义为犯罪行为。此外，其成员国家被要求为这些犯罪行为制定相应的法律。值得注意的是，美国也在 2006 年签署了该公约。2003 年，欧盟成立了欧盟网络和信息安全局（European Union Agency for

Network and Information Security，ENISA），搭建了欧盟内部的网络安全交流互助平台，但是，该机构没有被赋予执法权。2004 年，G8 高科技犯罪小组委员会制定了网络安全指南，提供了打击计算机犯罪的十项原则。同年，美洲国家组织（Organization of American States，OAS）也通过了美洲网络安全综合战略。2005 年，子午线会议为赛博空间安全问题的交流提供了平台。ISO 也开始致力于赛博空间信息安全和标准化。北约于 2008 年通过了网络防御政策，并成立了网络防御管理局。东盟还呼吁东南亚国家改善其信息基础设施，并推动"东盟共同体 2009—2015"路线图的设计。国际刑警组织（International Criminal Police Organization，ICPO）帮助各国收集和获取网络犯罪的证据，同时在 2010 年举办了第一届网络安全会议。

2010 年之后，赛博空间对日常生活的影响越来越大。各大组织也逐渐从孤立走向相互融合，并进行深度合作。随着政府的广泛参与，国际组织与政府之间的交流也日益增多。2011 年，在英国政府的支持下，国际网络安全保护联盟成立，其成员包括全球众多知名公司，致力于打击网络犯罪。2013 年，在金砖国家安全事务高级顾问会议上，金砖国家成立了金砖国家网络安全工作组，关注网络安全问题的最新动态，促进信息交流。2016 年，欧洲议会颁布了《通用数据保护条例》（General Data Protection Regulation，GDPR），以保护公民的信息权，规范国际业务。该法规被称为"历史上最严格的数据保护法规"，对世界各国产生了深远的影响。2019 年，欧盟提出了《网络安全法案》（Cyber Security Act），以进一步应对网络安全问题，同时赋予了 WPSIP 某些裁决权。2020 年，FIRST 与 ICANN 签署了谅解备忘录，旨在加强赛博空间的信息安全建设。未来各组织将可能继续深化合作，共同应对赛博空间的各种风险。

14.2.2　国家对赛博空间的治理

国家对赛博空间的治理范围取决于主权范围。各国对赛博空间的研究立足于各国国情，充分发挥自身优势，加强赛博空间与传统行业的融合。此外，各国对赛博空间治理的重视程度也随着时间的推移而提升，对网络主权的重视也在逐年加强。随着政府在赛博空间中进行干预的力度加大，国防、医疗、社会治理等涉及国家核心利益的领域逐渐网络化。因此，世界上很多人认为赛博空间安全问题已经成为国家安全问题的一部分。2010 年的俄格战争表明，如果赛博空间安全得不到保障，国家将面临巨大的危险。因此，许多国家将网络主权和赛博空间的保护提升到军事层面，在网络主权和赛博空间安全问题上投入大量的人才和资金。

20 世纪 70 年代，美国对赛博空间享有绝对管辖权。互联网创始机构和学者也试图形成一个独立于国家主权的特殊赛博空间领域。但是除美国外，其他国家都没有对赛博空间的重要性有深入的认识。作为互联网的发源国，美国政府非常重视赛博空间。在 1969 年第一个网络 ARPANET 出现之前，Willis H. Ware 就意识到赛博空间可能存在安全问题，但这并没有引起政府的注意，因此 ARPANET 仅提出 NCP 来规范互联通信。1983 年，电影《战争游戏》（*The War Game*）引起了时任美国总统罗纳德·里根对赛博空间安全问题的关注。15 个月后，他签署了《电信与自动化信息系统安全》（*National Policy on Telecommunications and Automated Information Systems Security*）——国家安全决策指导方案 NSDD-145。这一政策过于前瞻，在学术界引起广泛争议。虽然因为当时的互联网正处于快速发展的时期，该政策并没有引起太大的轰动，但它为后来的法律与规定打下了基础。1987 年，美国国会颁布了《计算机安全法》，建立了一个新的安全级别——"敏感"（Sensitive），在当时具有划时代的意义，"敏感"一词区分了保密资料与普通资料，为赛博空间的数据保护奠定了基础。

20 世纪 90 年代，互联网的广泛使用引起了大部分国家的注意，各国开始制定法律、章程来应对赛博空间普及过程中遇到的种种问题，赛博空间的协调和治理受到了真正的重视。1995 年 9 月 15 日，克林顿政府颁布了《国家信息基础设施行动动议》，建议建设更多网络基础设施，提升网络可靠性，让更多人使用网络。2000 年，日本政府颁布了先进信息和电信网络协会基本法（简称"IT 基本法"），开创了赛博空间立法的先例。1994 年，我国颁布了《中华人民共和国计算机信息系统安全保护条例》，这是我国第一部赛博空间法律。

进入 21 世纪后，各国对赛博空间有了更深入的了解。在国际组织的协调下，针对本国国情，各国出台了林林总总的规范和促进本国赛博空间发展的规划和法律。2000年，我国提出《全国人民代表大会常务委员会关于维护互联网安全的决定》，定义了赛博空间犯罪，并将其与现实世界的犯罪联系起来。2001年，日本提出e-Japan计划，大力发展赛博空间基础设施，促进赛博空间的覆盖和网络人才的培养。2002年，美国颁布的《联邦信息安全管理法案》取代了1987年的《计算机安全法》，并在后者的基础上制定了更详细的网络安全管理方法。2003年，美国政府提出《国家网络安全战略》，将网络安全列为国家战略。这标志着网络安全领域在美国的战略地位得到巩固。2004年，英国提出了"科学与创新投资框架"。2005年，日本在e-Japan的基础上推出了i-Japan计划，以推动信息社会建设的独立性、自主性及创新性。2006年是推进赛博空间治理的重要一年。德国新政府在该年度发布了第一个互联网政策——《德国高科技战略》，决定继续增加对互联网技术的资助。美国发布《美国竞争力倡议》，促进科技发展的资本投资。与此同时，美国国家航空航天局提出了重返月球计划，刺激了赛博空间在航天领域的发展。俄罗斯提出《2015—2016年俄罗斯创新发展战略的实施》（*Implementation of Russia's Innovative Development Strategy in 2015—2016*）以支持赛博空间的创新与发展。2010年，德国启动了《数字德国2015计划》，旨在促进中小科技企业创新发展，加大前沿技术投入。2014年，德国通过了《数字议程（2014—2017）》，明确了发展目标和投资方向。同年，我国出台了《即时通信工具公众信息服务发展管理暂行规定》，进一步强调了公民的隐私权。2016年，德国推出了《2025年数字战略》，将重点放在提高赛博空间在德国的覆盖率。2017年，我国发布了《互联网新闻信息服务管理规定》，规范了赛博空间的新闻服务。

2017年，美国特朗普政府发布《国家安全战略报告》，提出六大重点领域：国家安全、能源电力、银行金融、健康安全、通信、交通。这给涉外取证和司法执法提供了有效的依据。同年，俄罗斯发布了《俄罗斯数字经济发展》报告，明确了管理、人才、研发、基础设施、赛博空间安全五个方向。2021年，我国推出了《中华人民共和国数据安全法》。

不同的国家根据国情制定的战略与法律各不相同。根据各国的立法特点，表14.1给出了五个代表性国家的赛博空间治理理论和基本法。

表 14.1 五个代表性国家赛博空间治理理念和基本法

国家	治理理念	基本法
美国	国内防御，对外扩张与合作	《加强联邦网络和关键基础设施安全》
日本	大企业主导，政策支持	《网络安全基本法》
德国	以制造为基础，聚焦于小企业	《德国高科技战略》
俄罗斯	政府主导，大公司掌权	《俄罗斯联邦科技发展战略》
中国	政府支持、融合创新	《中华人民共和国网络安全法》

14.2.3 社会治理

在互联网普及到普通民众后，网络社会无形中成为现实社会的延伸。与现实社会不同的是，网络社会具有一定的虚拟化特性，其协调与治理与现实社会不同，主要涉及的是赛博空间中的舆论、公共环境、文化艺术、日常生活等。这要求社会具有一定的自我导向机制和自主维护公共环境的能力。因此，一些国际组织和国家就自己所管辖的网络社会制定了相应的规范和法律，以维护公共环境的健康。例如，德国颁布了一系列法律，规定了网络发言的规则。但是，网络社会信息的高流通性使得舆论产生后，其影响力更大，治理比现实社会更加困难。即使相关组织动用大量人力来辟谣，谣言的影响也很难根除。例如，有媒体曾宣称成龙因心脏病而不幸在香港去世，一时间在国内外引起了轩然大波。正当网民纷纷哀悼时，成龙亲自出面辟谣，网民对该媒体大加谴责。但之后的几年中，总有一些小媒体因种种原因翻出"旧账"，散播成龙去世的谣言。这种谣言会对当事人的生活产生极大的影响。从正面的角度看，赛博空间是新的艺术和文化的传播渠道和载体。许多文化作品开始尝试突破以往艺术馆、博物馆的传统展览形式，转而以网络作为传播载体。这让优秀的作品不再受地理位置的影响，可以同时被全世界人民自由欣赏。网络美术馆的创建丰富了人类的精神世界。赛博空间的出现影响了人类的日常生活，扩大了社会的边界，为人类的生活提供了更多的选择。

企业的推动从侧面促进了赛博空间的发展，多元化的企业给予赛博空间更强的活力和创造力。企业通过发布自身的产品使用户更方便地使用赛博空间，也通过更多的途径、方式开发赛博空间的新用户。例如，通过广告的形式对公司的互联网产品进行宣传等。随着网络企业的多元化，企业在生产和销售产品的同时也更注重企业发展的可持续性。首先，企业非常重视维护和传播自身公众形象和企业文化。例如，脸书通过颁布一系列行为准则、公司管理规范和对广告商的法规，对外努力树立公平、公开保护隐私的形象。谷歌提出了定义企业文化的"十信条"（Ten Things），为企业树立了良好的形象，也带来了流量。但是，当公司获得大量流量时，也要考虑突发事件对公司的影响。可能一个较大的突发事件就会导致企业的迅速衰落。因此，企业在加强内部管理的同时，也需要加大对危机公关的投入。这也是企业在壮大后自我保护的一种手段。与传统危机公关不同，赛博空间中的危机公关比传统危机公关的业务范围更广且难度更大。为此，很多公司专门成立了危机公关部，专门应对网络舆情、网络攻击等问题。其次，国内外很多公司在自身数据安全保护方面也在不断地努力。如今，互联网上的许多不法分子把窃取目标从个人用户转移到大型企业。他们通过对系统进行加密，使企业无法使用以达到勒索企业钱财的目的，或者直接进入企业数据库窃取大量核心用户信息以获取非法利益。此类行为破坏了公民的隐私权，对受害公司的声誉也造成了巨大影响。因此，有能力的企业大都建立了自己的网络安全部门来保护用户和自身的数据安全。一些云计算提供商，如亚马逊、阿里云等，在提供云计算服务时会告诉用户平台数据保护与加密的情况，并在发生数据泄露时对用户进行额外补偿，以此彰显企业对数据隐私的重视和保护力度，从而吸引更多的用户。

赛博空间社会治理与协调机制的研究，总体起步较晚，这也和网络等赛博空间支撑技术起初服务军队和政府有关。在发展初期，接触赛博空间的大多是纯技术公司或组织，他们致力于网络标准化和普及活动，那时国际和国家层面尚未对赛博空间的社会行为进行规范。

进入 21 世纪后，更多的企业着力于发展赛博空间相关业务，但企业的发展和观念水平参差不齐，且赛博犯罪、隐私泄露等事件的频繁发生已经影响到了社会的正常运转。因此，对赛博空间的管理逐渐提上国际、区域和国家组织的议事日程。社会和企业赛博空间的管理可分为自治和他治。自治是通过社会上各种企业和组织因某些问题而形成的自治团体来完成，主要是规范组织间行为并促进贸易与合作的简便化。他治主要是通过针对企业行为的国内和国际规范来实现。自治与他治相辅相成，共同促进社会和企业的赛博空间协调与治理。2000 年，谷歌发布了谷歌道德规范约束自身行为，形成了企业文化。同时，谷歌也规定了用户行为规范、供应商行为规范等，用于约束用户和合作企业，这种做法逐步在各行业得到了推广。

随着互联网深入到社会和企业中，不少企业开始选择在赛博空间中开展业务。此外，各种新型赛博犯罪和隐私问题层出不穷，企业和社会也逐渐开始重视自身数据中心的治理和自身形象。由于人们对隐私的要求逐渐提高，各种社会团体和企业制定了针对性的政策。2011 年，ISOC 发布了其隐私声明，详细阐述了其公共隐私和数据库保护政策，而且还发布了会员行为准则。在收到越来越多的公众请求和投诉后，脸书对其广告行为进行了限制，强调广告行为不会侵犯公众隐私。谷歌随后发布了类似规定，对广告的内容、比例和类型进行了限制。2016 年，阿里云作为国内具有代表性的云计算提供商，对自身的行为进行了详细的规范并形成了公开文件。它给出了服务器病毒预防、安全事件、密码管理，以及维护和清理日志与安全设备的规范，也包括漏洞扫描和端口管理等的规范。

14.2.4 个人治理

赛博空间个人行为是指个人在赛博空间中所开展的各种活动。赛博空间个人行为的协调与治理也可以分为自治和他治。自治是指通过在赛博空间发展过程中形成的道德规范对个人进行管理和约束，它要求个人在赛博空间的行为应当真实、合乎逻辑、文明、礼貌，保护自身数据安全，保护国家机密，坚决不损害国家的利益，这限制了个人在赛博空间中的行为。他治是根据赛博空间的法律法规对个人进行管理和约束。与自治不同，他治是赛博空间中个体行为的最低限度，个人如果违反既定规则将会受到惩罚。

对个人行为的规范是法律和协议的立足点。在网络形成的早期，对个人的约束仍然以技术为主。随着互联网的普及，个人治理逐渐成为赛博空间协调与治理的一个重要方面，一些国家和组织已经开始就赛博空间的个人治理问题制定相应的规则和法律。1994 年，V. Shea-Educom 发表了《创意网络守则》（*A Creative Network Etiquette Code*）[8]。该守则针对的是赛博空间快速发展时期涌入的网民。

2016 年，欧盟委员会与脸书、推特、YouTube 等联合发布了《打击网络非法仇恨言论的行为准则》。虽然我国的互联网起步较晚，但对赛博空间个人行为的协调与治理非常重视。《中华人民共和国网络安全法》于 2016 年通过，以保护公民在赛博空间中的合法权益。2021 年 6 月，《中华人民共和国数据安全法》通过，这部法律规定了个人数据安全不可侵犯。值得注意的是，该法律指出网络基础设施要保护老年人、残疾人使用赛博空间的权利，不应把他们拒之门外。

14.3　赛博空间协调治理实例：东南亚电信诈骗治理

进入 21 世纪后，互联网风靡全球，犯罪集团开始把目光放到电信诈骗和网络诈骗上。东南亚电信诈骗集团的主要特点是国际化、多元化、系统化。诈骗团伙为了保障安全，往往将自己的服务器设在其他国家，用高薪诱骗在世界尤其是亚洲范围内涉世不深的年轻人申请海外工作，然后将他们软禁起来作为工具人以牟取不当利益。每个犯罪组织都有系统的欺诈流程，涵盖从培训到资金转移的所有步骤。与其他犯罪相比，它更加灵活，犯罪痕迹更隐蔽，这增加了侦破的难度。为了解决长期存在的诈骗问题，亚洲国家签署了一系列协议，通过合作解决跨国网络犯罪。2002 年，中国与东盟签署了《中国与东盟关于非传统安全领域合作联合宣言》；2004 年，签署了《中国东盟非传统安全领域合作谅解备忘录》。该备忘录签署于首届东盟与中日韩（10+3）打击跨国犯罪部长级会议上，加入了关于联合执法的内容，为我国以后打击东南亚诈骗集团提供了途径，也震慑了诈骗集团。2014 年，中国与东盟签署文件，对 2002 年签署的《中国与东盟关于非传统安全领域合作联合宣言》进行了进一步落实。2015 年，第四届东盟与中国（10+1）和第七届东盟与中日韩（10+3）打击跨国犯罪部长级会议在吉隆坡召开，会议通过了相关文件，进一步深化了联合执法机制。2017 年，澜沧江 - 湄公河综合执法安全合作中心正式启动。

正是基于这种国际赛博空间协调与治理机制，东南亚对网络犯罪的打击力度越来越大。2011年，在各界的共同努力下，"3.10"特大跨境电信诈骗案成功破获。2010年12月以来，我国多个省份发生多起大规模电信诈骗案，诈骗者自称政府雇员，利用各种理由诱骗当事人将资金转入"安全账户"。为此，2011年3月10日，中国警方与柬埔寨、印度尼西亚等国的当地警方密切配合，展开秘密侦查，于6月9日成功收网，抓获598名犯罪嫌疑人。

随着信息技术的发展，犯罪集团在不断更新其犯罪手法。他们不仅使用虚假身份来诱骗受害者将财产转移到"安全账户"，还使用更隐蔽和真实的方法进行欺诈，其中比较有名的是"杀猪盘"。杀猪盘是犯罪分子通过网络结交好友、冒充女孩或成功人士与受害者建立关系，通过在线恋爱、推荐股票等形式骗取钱财的一种方式。这种方法更隐蔽，更难被发现。然而，2019年，中国警方在东南亚成功打击了一起"杀猪盘"犯罪，摧毁了在柬埔寨活动的一个大型犯罪团伙。

参考文献

[1] Kooiman J．Modern governance: New government-society interactions[M]. US: Sage，1993.

[2] Powell W W，Staw B，Cummings L L．Neither market nor hierarchy[M]，US，Sage，1990.

[3] Larson A．Network dyads in entrepreneurial settings: A study of the governance of exchange relationships[J]. Administrative Science Quarterly，1992，37（1）：76-104.

[4] Jones C，Hesterly W S，Borgatti S P．A general theory of network governance: Exchange conditions and social mechanisms[J]. Academy of management review，1997，22（4）：911-945.

[5] Cerf V，Kahn R．A protocol for packet network intercommunication[J]. IEEE

Transactions on Communications，1974，22（5）: 637-648.

[6] Christopher S. Time Sharing in Large Fast Computers[C]. Proceedings of the International Conference on Information processing. Paris: UNESCO，1959: 336-341.

[7] Russell A L. OSI: The Internet that wasn't [J]. IEEE Spectrum，2013，50（8）: 39-43.

[8] Shea-Educom V. Core Rules of netiquette [J]. Educom Review，1994，29（5）: 58-62.

第 15 章

赛博空间法律

赛博空间逐渐成为人类生活的另一个空间，极大地影响和改变着人类的社会活动和生活方式，使得赛博空间的安全、治理和规范受到广泛的关注。此时，需要立法来规范和制约赛博空间中的社会行为和社会关系。本章首先介绍赛博空间法律的起源，赛博空间的法律属性和法律关系；接着从国家、社会和个人三个方面介绍美国、欧洲和亚洲方面赛博空间法律的发展历程，这些法律的共同目标是改进赛博空间的治理和安全性；然后介绍由赛博空间法律衍生而来的电子数据取证技术；最后指出未来赛博空间的立法趋势。

本章重点

◆ 赛博空间法律的定义
◆ 赛博空间的法律关系
◆ 各国赛博空间法律的发展历程
◆ 电子数据取证技术的研究历程

15.1　赛博空间法律的诞生

赛博空间是物理空间、社会空间、思维空间之外人类第四个基本生存空间，影响着人类的生活方式、经济模式与政治结构，催生了许多新的复杂问题和矛盾。例如，网络攻击、网络入侵等非法活动损害了能源、交通、军事等重要领域的安全；非法获取并泄露公民个人信息谋取利益、侮辱造谣他人、侵犯知识产权等行为损害人民及其他实体的合法权益；散播虚假信息、诽谤他人的信息、色情信息等行为，严重危害社会秩序。赛博空间并非法外之地，需要通过法律法规来规范赛博空间的社会关系及社会行为，以维护社会秩序、保障国家安全、保护人民群众的切身利益。这是世界各国、国际组织和学术界的共识。本节重点讲述赛博空间法律的定义和赛博空间的法律属性与法律关系。

15.1.1 赛博空间法律的定义

赛博空间的虚拟性、全球性、即时性等特点，导致传统法律无法解决赛博空间中产生的问题与矛盾，这促使了赛博空间法律的诞生。1996 年，J. D. Reynold和 G. Post David 在文章《法律与边界——网络空间中的法律兴起》[1] 中指出，互联网有必要进行自我管理，而不是服从特定国家或地区的（既有物理世界）法律。"互联网公民"将遵守电子实体法律。

针对赛博空间出现的问题，近年来世界各国家 / 地区开始修改和完善现有的法律体系，出台了一系列法律法规以维护赛博空间的秩序。对于"赛博空间法律"这个名词，目前并没有权威的定义，学术界将其简单地定义为：赛博空间法律，是调整关于网络的各种社会关系的法律规范的总称。那么，法律调整的对象是与网络有关的各种社会关系[2]。任何空间都必须有一定的秩序，除了技术手段外，法律是另一种最具效力和强制力的手段。通过明确网络服务提供商、网络技术开发商、政府各部门的权利和义务，解决不可避免的纠纷，保护"网络人"的基本权利，赛博空间法律使得赛博空间朝着人性化、和谐的方向发展，对于维护网络秩序有着重要的意义。

15.1.2 赛博空间的法律属性与法律关系

赛博空间的法律不是对传统空间法律的颠覆，而是根据赛博空间自身的特点对法律的创新与完善。赛博空间作为人类第四个生存空间，不可能完全脱离传统空间，它们之间有着千丝万缕的关系，这样的属性也决定了调整赛博空间的法律并不能取代传统空间的法律，也无法与传统空间的法律相悖，应与传统空间的法律共存共生。这也说明了赛博空间法律不是完全独立的法律自治体系，它不像其他部门的法律一样自成体系来约束赛博空间。在我国，与赛博空间有关的法律调整主要分散在侵权法、民法以及刑法等法律法规之中。

赛博空间法律属性的变化也改变了法律关系。所谓的法律关系，是指法律规范在调整人与人之间行为的过程中所形成的、具有法律权利义务形式的社会关系。构成法律关系的要素包括：法律关系主体、法律关系内容、法律关系客体。赛博空间的法律关系呈现出与传统空间的法律关系不同的特点与形态，具体如下。

1. 赛博空间的法律关系主体

赛博空间的出现，给人类的社交方式带来巨大的改变。微信、QQ、微博、脸书、推特等社交网络的出现，使得人与人之间的交流不受时间和地点的限制，随时开始、随时结束，没有非常严苛的社交法则和社交礼仪，不受真实的社会关系与社会阶层的约束。"赛博社交"成为当代青年的首选，特别是对于当下越来越多的"社恐"青年。赛博社交会导致因为距离而根本不可能产生关系的主体双方，在赛博空间中产生某项纠纷 / 争议，而且网络技术的力量可能使得某项纠纷 / 争议产生更大的伤害，发生法律关系主体数量增加甚至爆炸式增长的现象。

赛博空间的法律关系主体是虚拟的。赛博社交允许"赛博人"随意更改姓名、性别、年龄等描述身份的基本信息，隐藏不想表露在他人面前的性格特点，创建一个不同于现实世界的虚拟身份，这将造成所创建的虚拟身份与真实身份不匹配的问题。另外，只要有足够多的时间，"赛博人"可以创造出多重身份，这样的现象会造成法律关系主体认定的混乱。在理论上，不管虚拟身份是一个还是多个，总会对应一个现实身份。然而赛博空间的匿名性、全球性等特点，使得从"赛博人"到自然人的追溯在技术和法律层面上都存在着严峻的挑战。

2. 赛博空间的法律关系内容

法律关系内容指的就是权利和义务。但究竟什么是权利，学术界有着不同的解释，迄今为止，权利的解释主要有八种：资格说、主张说、自由说、利益说、法力说、可能说、规范说、选择说[3]。各种学说都有合理之处，但也有偏颇之处。权利的存在就意味着让别人履行相应的义务，赛博空间出现后，形成了一系列新的权利与义务关系。例如，信息发布权，指用户可以使用社交软件等工具来发表自己的言论；域名权，指注册的专有网址受到保护；网络隐私权，指用户在赛博空间中的私人信息受到保护；信息安全权，指信息不被修改、泄露，信息要准确传输等，这都是赛博空间发展的必然产物，这些新的权利要得到真正的保障，需要获得法律的保护。

3. 赛博空间的法律关系客体

法律关系客体指法律关系主体的权利和义务指向的对象。通常，法律关系客体被分为五类：物、人身人格、智力成果、行为、信息。随着赛博空间的出现，法律关系客体已经从原来的有形物向无形物扩展，从实在物到虚拟物拓展，如数字货币、虚拟财产、数字版权等。面对网络的发展和科技的进步，运用传统的法律关系客体相关理论已经不能合理地解释赛博空间生活中出现的现象，而且其中越来越多的矛盾/纠纷需要使用法律手段解决，因而法律关系客体的种类也必须紧跟新技术的发展，及时做出调整。

总体来说，随着科技的进步、赛博空间的发展，法律属性及法律关系将一直处于不断修改和完善的过程之中，超越原有的传统，打破现有的规则和定理，使得法律适用于当今时代，从而保证社会的秩序，保护公民权益。

15.2 赛博空间法律的发展

世界各国家和地区逐步确立赛博空间法律制度，其理论研究也应运而生。早期赛博空间立法侧重于关键信息基础设施保护（Critical Information Infrastructure Protection，CIIP），避免因受到攻击造成网络安全事故，影响重要行业的正常运行。随着赛博空间的发展，立法在加强关键信息基础设施保护的同时，也强调赛博空间的信息安全。但由于国情、历史传统的不同，各国家与地区在赛博空间内容和行为方面的法律规范也不同，下面介绍美国、欧洲和亚洲方面的赛博空间立法情况。

15.2.1 美国

美国作为当今世界头号科技强国，其信息化程度一直走在世界前列。科技与互联网高速发展的同时，其在赛博空间中的安全也面临巨大的威胁。美国自第一次世界大战之后，因军事需要认识到保护国家信息安全的重要性。在"赛博空间"概念提出之前，美国政府主要针对国家信息安全和计算机技术进行立法以保护国家的机密信息，这一阶段的法律奠定了赛博空间法律的立法基础。赛博空间诞生以后，美国联邦政府开始衡量各方利益，从通信到虚拟交易再到网络权利等方面进行法律规制。现在，美国拥有世界上数量最多、内容最全面的赛博空间法律法规。美国赛博空间法律的发展主要可分为以下三个时期。

1. 萌芽期

20 世纪 90 年代之前，美国赛博空间立法处于起步阶段。1946 年颁布的《原子能法》（*Atomic Energy Act*）和 1947 年颁布的《1947 年国家安全法》（*National Security Act of* 1947）[4]可以看作美国信息安全政策萌芽的标志。1966 年，黑客入侵银行计算机系统引起了全世界的广泛关注，为保证计算机系统的安全，美国出台了一系列法律法规。表 15.1 总结了赛博空间法律萌芽期美国出台的与赛博空间相关的法律。

表 15.1　赛博空间法律萌芽期美国出台的与赛博空间相关的法律

年份	法律	主要内容
1966	《信息自由法案》	明确了网络信息保护的基础和范围
1974	《隐私保护法》	保护公民的隐私权不受侵犯，并平衡公共利益与私人利益之间的矛盾
1977	《计算机保护法》	规定计算机犯罪的类型，填补计算机犯罪领域的法律空白
1978	《联邦计算机系统保护法案》	保护计算机系统安全
1978	《佛罗里达州计算机犯罪法案》	保护计算机系统安全、硬件安全等，并对侵犯知识产权的行为进行量刑
1984	《全面犯罪控制法》[5]	包括了一些将非法计算机活动视为犯罪的规定
1984	《计算机犯罪保护法案》	以欺诈、破坏、未经授权的使用为管制导向，管辖政府、金融机构和洲际的计算机活动
1986	《计算机欺诈与滥用法》	管制计算机犯罪并规范计算机的用法
1986	《电子通信隐私法》	保障电子通信领域中信息的安全
1987	《计算机安全法》[6]	提高联邦政府计算机系统的保密性和安全性，同时制定可行的信息安全领域法律规范

注：表中的年份是该法律第一次颁布的时间，之后法律修订的年份并未列出。

1987 年美国颁布了《计算机安全法》，美国各州制定地方法规都依据此法案展开。这部法案真正打开了赛博空间安全法制建设的大门，成为保障美国赛博空间安全的基本法，自此赛博空间立法过渡到形成期。

2. 形成期

20 世纪 90 年代，因特网逐渐发展成熟，从基础设施、广泛互联的网络、数据存储、通信和共享等方面为赛博空间的形成提供了基础。美国逐渐意识到单纯被动式的立法无法有效保护赛博空间安全，于是开始关注更深层次的安全问题。此阶段美国主要处于克林顿担任总统的时代，美国的赛博空间安全战略上升为国家战略层次。在这一时期，美国出台了一系列相关法律法规，如表 15.2 所示。

表 15.2　赛博空间法律形成期美国出台的与赛博空间相关的法律

年份	法律	内容
1995	《削减公文法》	赋予白宫管理和预算办公室制定并颁布国家网络安全法律法规的权力
1996	《信息技术管理改革法》	规定各部门保障信息安全的职责，并要求部门长官制定相关政策，并在各部门设立首席信息官
1996	《信息基础设施保护法》	保护关键信息基础设施安全，保障个人隐私以及私营机构的利益
1997	《计算机安全增强法》	提出关键基础设施保护、加强电子签名管理、保护联邦计算机和网络安全等内容
1998	《儿童在线隐私权保护法》	保护儿童的隐私
1999	《赛博空间电子安全法》	对保护机密信息、拦截信息等问题做出了详细的规定，赋予联邦政府执法机构获取加密密钥和加密方法的权力
2000	《政府信息安全改革法案》[7]	明确各个政府部门在政府信息保护方面的职责
2000	《国家安全战略报告》	将"网络信息安全"正式列入国家安全战略框架，具有开创性的意义

注：表中的年份是该法律第一次颁布的时间，之后法律修订的年份并未列出。

3. 发展期

这一时期，美国强调从整体上全面布局，制定出综合性、全局性的赛博空间安全法律法规，同时对原有的法律法规加以完善和补充。此阶段的法案主要在于立法层次的提升，法律所包含的社会关系也有了实质性的增加。目前，美国的网络安全立法就处于这个阶段，这个阶段出台的法律分为国家安全、社会安全和个人安全三个层面，具体如表 15.3 所示。

表 15.3　赛博空间法律发展期美国出台的与赛博空间相关的法律

层面	年份	法律
国家安全	2001	《信息时代的关键基础设施保护》[8]
	2001	《爱国者法案》
	2002	《国土安全法》[9]
	2002	《联邦信息安全管理法案》[10]
	2002	《网络安全增强法案》
	2003	《网络空间安全国家战略》
	2014	《国家网络安全保护法》
	2015	《国家网络安全保护增强法案》
	2019	《国家安全与个人数据保护法（提案）》
社会安全	2002	《电子政务法》
	2008	《网络安全教育促进法》
	2010	《网络安全法案》
	2014	《网络空间安全增强法案》
	2007	《美国竞争法案》
	2013	《网络信息共享和保护法》
	2015	《网络安全信息共享法》
个人安全	2019	《国家安全和个人数据保护法》

15.2.2　欧洲

欧洲的赛博空间法律也相对完善，本节以欧盟、德国、法国、俄罗斯为例，阐述欧洲赛博空间法律的立法及发展历程。

1. 欧盟

欧盟主要通过颁布条例（Regulation）、指令（Directive）、决议（Decision）、建议（Recommendation）和意见（Opinion）等形式，指导各成员国进行赛博空间治理，治理内容涉及网络集成服务、网络准入政策、数据保护等方面。迄今为止，欧盟已构建了一个内容相对丰富、体系相对完整的法律框架，有效地保证了整个欧盟的赛博空间安全，为成员国及其他国家对赛博空间安全立法提供了可借鉴的法律蓝本。截至本书成稿之日，欧盟出台的与赛博空间相关的法律法规如表 15.4 所示。

表 15.4　欧盟出台的与赛博空间相关的法律法规

年份	法律	保护范围
1992	《信息安全框架决议》[11]	信息系统安全
1995	《关于合法拦截电子通信的决议》	通信安全
1995	《数据保护指令》	数据安全
1996	《有关数据库法律保护的指令》[12]	知识产权
1999	《关于采取通过打击全球互联网上非法和有害内容以促进更安全使用互联网的多年度共同体行动计划的第 276/1999/EC 号决议》[11]	网络安全
1999	《关于打击计算机犯罪协议的共同宣言（1999/364/JHA）》	网络安全
1999	《欧盟电子签名指令》	网络与信息系统安全
2001	《网络犯罪公约》	网络安全
2001	《协调信息社会中特定著作权和著作邻接权的指令》	知识产权
2002	《关于对信息系统攻击的委员会框架协议》	信息系统安全
2002	《关于电信行业个人数据处理与个人隐私保护的指令》	数据安全
2011	《保护 RFID 个人信息安全的决议》	数据安全
2012	《欧盟数据保护框架条例》	数据安全
2016	《网络和信息系统安全指令》	网络与信息安全
2018	《通用数据保护条例》	数据安全
2019	《网络安全法案》	网络安全

从表 15.4 中可看出，欧盟赛博空间法律法规形式多元化，但以条例、指令、决议为主。其中，条例对各成员国直接有效并可以直接在成员国内执行；指令是欧盟最常见的立法形式，成员国可根据自身实际情况去执行该指令；决定一般指定了特定的实施范围，直接适用于某一成员国、机构等范围；决议是用来规定欧盟成员国行动所依据的基本准则。

2. 德国

德国是世界上最早制定赛博空间法律规范，通过法律约束维护赛博空间的信息系统安全、基础设施安全及数据安全的国家之一，赛博空间法治观念深入人心。德国是欧盟的成员国，其法律体系既包括国内颁布的法律，也包括欧盟颁布的适用于本国的法律规范，因而德国法律是由国内法律和欧盟法律组成的一个双层法律体系。具体而言，德国不仅在本国范围内，还在整个欧盟范围内推动赛博空间安全立法，即当在国内无法通过某部法律时，可以先在欧盟范围内通过，之后再根据"各成员国有义务遵守欧盟法"这个规定将欧盟法转化为德国法。截至本书成稿之日，德国通过的与赛博空间相关的法律法规如表 15.5 所示。

表 15.5　德国通过的与赛博空间相关的法律法规

年份	法律	描述
1977	《联邦数据保护法》	保护个人隐私，防止个人数据在使用过程中被侵害
1997	《信息和通信服务法》[13]	在个人隐私保护、电子签名、网络犯罪和未成年人保护等方面做了相关规定
1997	《网络服务提供者责任法》	明确网络信息服务商的法律责任
2015	《网络安全法》	保护公司、机构及联邦政府的网络信息安全
2017	《网络和信息系统安全指令实施法》[14]	由欧盟的《网络和信息系统安全指令》转化而来
2017	《数据保护适应法》	梳理欧盟法规与《联邦数据保护法》的关系

德国国内比较重要的是 1997 年颁布的《信息和通信服务法》，它由《通信服务之个人数据保护法》《通信服务法》和《数字签名法》三部新法，以及《刑法》《著作权法》《行政法》等六个适用于赛博空间领域的现有法律附属条款组成。该法案是世界上第一部赛博空间专门法，对赛博空间行为、数据安全、通信安全、电子签名等内容做了全面的规定。此外，该法还扩展了出版物的概念，使"音像媒体、数据存储设备、图片和其他表现形式"出版的作品同传统出版物一样得到保护，也规定了网络服务提供商的权利与义务，还对未成年人保护做了详细阐述。该法案成为德国治理赛博空间的基本法，结合后续德国陆续颁布的与赛博空间安全有关的法律法规，构建了德国特色的立法模式。德国还修改了《刑法》，

对资料泄露与篡改、计算机欺诈、计算机系统破坏等犯罪行为进行定罪量刑。

《数据保护适应法》是德国为了转化欧盟《通用数据保护条例》而制定的。因为德国先行法中存在与欧盟《通用数据保护条例》相悖的现象，为使两者相适应需要对现有法律进行修改。

3. 法国

法国作为在全球范围内发展互联网较早的发达国家之一，也一直走在赛博空间治理的前列。法国对赛博空间的治理经历了调控、自动调控、共同调控三个阶段，下面分别介绍这三个阶段。

20 世纪 70 年代起，法国政府完全统管赛博空间中的各项事务，包括互联网行为规范、信息技术的使用等内容，这是最初的"调控"阶段。1978 年，法国政府出台《信息技术与自由法案》并成立了法国信息与自由委员会，以保护公民隐私权。1980 年，法国政府通过了《通信电路计划》；1986 年，拟定了规模庞大的《建立信息高速公路计划》（1994 年政府批准）；同年，颁布了《新闻自由法》，以净化赛博空间环境。

随着新技术的出现，网络犯罪频发，法国政府逐渐认识到，仅仅从国家的角度管控赛博空间已不切实际，应转变治理措施，开始采取与网络技术开发商、网络服务提供商合作的方式进行赛博空间治理改革，要求网络技术开发商和网络服务提供商加强对赛博空间的管理，并对赛博空间对社会生活的影响进行科普，培养公民的赛博空间安全意识，这就进入了"自动调控"阶段。这一时期，法国网络协调机构的构建受到重视，赛博空间由法国政府、网络技术开发商、网络服务商共同合作来管控，但这一时期并未发布相关的法律政策文件。

随着赛博空间的进一步发展,法国政府意识到赛博空间出现的问题仅靠政府、组织机构及公司的努力无法解决，需要公民的共同努力，才能解决问题、减少损失。所以在 20 世纪末，法国政府推出了"共同调控"政策，并制定了《信息社会法案》，规定每个人在赛博空间中具有的权利与义务，保证网络通信、虚拟交易和信息传播的安全性和可靠性。之后，法国出台了一系列法律法规，比较有代表性的法律法规等文件如下。

2004 年，《数字经济信任法》阐述了虚拟交易、网络社交、隐私权、知识产权及国家信息安全等方面存在的威胁，明确了公民在赛博空间中的权利与义务。

2008 年，《法国国防与国家安全白皮书》首次将赛博空间安全提升到国家安全层面，强调了网络攻击对人类的危害性，将网络攻击视为未来 15 年内最大的威胁之一，同时强调了法国应做好网络攻防措施。

2011 年，《法国信息系统防御和安全战略》作为第一份为保证信息安全颁布的国家信息安全战略报告，制定了四大战略目标以及七项具体举措。其中，四大战略目标依次为：成为网络安全强国；保护主权信息，确保决策能力；国家基础设施保护；确保赛博空间安全。

2019 年，《5G 网络安全法案》是在法国运营商使用 5G 设备之前建立的新型授权制度，以确保网络信息安全和国家科技主权。同年，《反网络仇恨法》出台，规定月访问量超过 200 万次的网络社交媒体须加强管控赛博空间活动，遏制仇恨言论。

另外，法国政府还比较关注赛博空间中对未成年人的保护。1998 年，《未成年人保护法》对使用网络毒害未成年人的行为进行定罪量刑。另外，法国也一直关注赛博空间知识产权问题。2009 年，法国国民议会通过了新的互联网知识产权保护法，即 HADOPI-2，以打击非法下载行为，并基于此成立了"网络著作传播与权利保护高级公署"。2016 年，《数字共和国法案》出台，以加强对个人数据版权的重视。

4. 俄罗斯

俄罗斯也是最早对赛博空间活动进行管制的国家之一。20 世纪 90 年代，俄罗斯因多次遭到其他国家的网络攻击，蒙受了巨大的损失。自此，为保障赛博空间活动的安全，俄罗斯开始通过立法形式管制赛博空间。进入 21 世纪后，俄罗斯形成了较为完整的赛博空间法制体系，彻底扭转了其在赛博空间安全领域内的被动局面。20 世纪末至 21 世纪初，俄罗斯颁布的与赛博空间相关的法律法规如表 15.6 所示。

表 15.6　俄罗斯颁布的与赛博空间相关的法律法规

年份	法律法规
1994	《俄罗斯联邦商业秘密法》
1995	《俄罗斯联邦信息、信息化和信息保护法》
1996	《俄罗斯联邦刑法典》（对网络信息犯罪进行定罪量刑）
2000	《俄罗斯联邦信息安全学说》
2009	《保护儿童免受对其健康和发展有害信息干扰法》修正案
2019	《俄罗斯联邦网络主权法》

15.2.3　亚洲

亚洲在赛博空间法律领域不断做出努力。本小节以中国、新加坡、韩国、日本为例，阐述亚洲赛博空间相关的立法及法律发展历程。

1．中国

20 世纪 90 年代，互联网进入中国，以较快的发展速度改变了人们的生活方式，一些在世界上排名较为靠前的大型互联网企业涌现出来。早期，中国将赛博空间的监管重点放在物理架构上，由政府制定部门规章综合监管。但信息全球化使得网络秩序受到冲击，政府加强了对赛博空间的管控，制定了大量的赛博空间法律法规，既有全国人民代表大会的决议，也包括行政法规、部门规章和地方性法规。现在，中国依法推进赛博空间治理，逐步建立了较为完善的赛博空间法律体系。

2．新加坡

新加坡对赛博空间的治理主要包括内容安全、垃圾邮件和隐私保护等方面。1996 年，新加坡通过了《广播法》，并以此为依据制定了《广播（分类许可）公告》《互联网行为准则》，这些是新加坡赛博空间内容管理的基础性法律，其他内容管制法条一般分散在《刑法》《国内安全法》《煽动法》《维护宗教融合合法》《不良出版物法》等法律法规中。2007 年，新加坡通过了《垃圾邮件控制法案》，进行垃圾邮件的管控。2012 年，为加强个人信息防护，新加坡通过了《个人信息保护法案》。之后，新加坡将赛博空间安全上升到国家战略层面，于 2018 年通过了《网络安全法》。

3. 韩国

韩国是第一个主张强制实行网络实名制的国家，对赛博空间的治理主要集中在内容管理、网络舆情管控、隐私保护等方面。韩国制定的关于赛博空间的法律法规包括：2001 年出台的《促进利用信息和通信网络法》，用来对赛博空间内容进行管理；2005 年出台的《信息通信基本保护法》《促进信息化基本法》等多部法律，有保护个人隐私等内容；2008 年出台的《信息通信网施行令修正案》，成为全球打击网络谣言的第一个法律规范。

随着技术的发展，韩国也在不断补充与完善赛博空间安全法律制度，出台的法律包括：2015 年，《云计算发展与用户保护法案》规定云服务提供商在发生事故（如信息泄露、账户被入侵、服务中断等）时，须及时通知受害者以减少损失；2017 年，《国家网络安全法案》用来防御其他国家对本国网络的恶意攻击，做好攻防工作。

4. 日本

20 世纪 90 年代，美国推出信息高速公路计划后，日本跟随其后，对赛博空间进行立法管控，构建了适合日本国情的法律体系，该体系融合了海洋法体系与大陆法体系，出台了一系列法律。

在赛博犯罪方面，1999 年，日本颁布了《禁止非法接入行为法》，对网络非法接入行为定罪量刑，将多种网络犯罪，如电磁记录不实使用罪、计算机系统损坏罪、网络欺诈罪、电磁记录毁弃罪等置于《刑法》中。进入 21 世纪以后，日本又颁布了《规范互联网服务商责任法》《打击利用交友网站引诱未成年人法》《青少年安全上网环境整备法》《规范电子邮件法》等法案，以遏制赛博犯罪的发生。

在隐私保护方面，日本在 1998 年出台了《关于对行政机关所持有之电子计算机处理的个人信息加以保护的法律》，2000 年出台了《反黑客法》，2003 年出台了《个人信息保护法》，用来保护个人数据安全并规范个人数据的使用范围。2013 年，日本出台了《身份识别号码法》，通过识别号码来提高行政效率；随后于 2014 年出台了《网络安全基本法》，用来加强日本政府与其他主体在赛博空间安全领域的协作，并改进网络攻防措施。

15.3　电子数据取证技术

美国司法机构将电子数据定义为：以二进制形式存储或传输的信息，在法庭上可被信赖，存储于计算机硬盘、移动电话、个人数字助手、数码相机闪存卡等各种存储介质中，能够证明案件真实情况的数据。电子数据可用于起诉所有类型的犯罪，而不仅仅是电子犯罪。电子数据包括但不局限于下列信息文件：

（1）在网络社交平台发布的各种信息，类似在微博、论坛、微信朋友圈等平台发布的信息；

（2）即时通信传递的信息，如短信、社交网络信息等；

（3）文档、图片、视频、音频、计算机程序等文件；

（4）用户注册信息、用户认证信息、交易信息等。

美国是最早发展电子数据取证技术的国家。1970—1980 年，电子数据取证技术经历了一个从无到有的摸索期，"计算机数据取证"概念于 1991 年被正式提出。电子数据取证的步骤如图 15.1 所示。

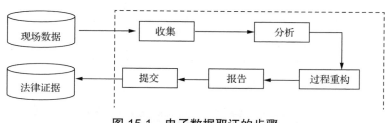

图 15.1　电子数据取证的步骤

许多国家制定了相关法律以促进电子数据取证技术的发展，而且制定了标准以规范电子数据取证的过程。一些国家 / 组织出台的与电子数据取证相关的法律法规如表 15.7 所示。

表 15.7 一些国家 / 组织出台的与电子数据取证相关的法律法规

国家 / 组织	年份	法律法规	相关内容
联合国	1996	《电子商务示范法》	以数据电文为基础解决电子合同、电子提单等问题
	2001	《电子签名示范法》	为各国进行电子签名立法提供指导
美国	1970	《金融秘密权利法》	保护金融业电子数据的安全
	1995	《犹他州数字签名法》	电子商务立法的基础
	1999	《统一电子交易法》	建立电子交易的国家标准
	2000	《国际与国内商务电子签章法》	规范电子签名
	2018	《澄清合法使用境外数据法》	美国政府有权要求境内云服务提供商提供由境外服务器商存储的数据
新加坡	1998	《电子商务法》	规范电子签名的使用
韩国	1999	《电子商业基本法》	规范电子签名
澳大利亚	1999	《电子交易法》	规范电子签名、电子交易的过程
中国	2004	《中华人民共和国电子签名法》	规范电子签名规则，确立其法律效力
	2010	《关于办理网络赌博犯罪案件适用法律若干问题意见》	境外的电子数据须由见证人见证取证过程
	2012	《中华人民共和国刑事诉讼法》	将电子数据作为诉讼证据种类之一
	2014	《关于办理网络犯罪案件适用刑事诉讼程序若干问题的意见》	对存储电子数据的原始介质在境外的情况须说明缘由，有条件的，对取证过程进行录像
	2016	《关于办理刑事案件收集提取和审查判断电子数据若干问题的规定》	明确收集、审查和判断电子数据的标准
	2018	《公安机关办理刑事案件电子数据取证规则》	阐述电子数据取证规则，规范取证工作

15.4 赛博空间立法未来展望与讨论

赛博空间立法的发展有如下趋势。

1. 立法逐渐增多，且立法领域逐步细分

目前，危害赛博空间的行为泛滥，如网络诈骗、宣扬恐怖主义、攻击计算机

等基础设施、网络谣言、泄露隐私等，应用赛博空间法律进行治理已迫在眉睫，这也使众多国家和地区意识到赛博空间依法治理和立法的重要性。未来，世界各国家和地区将在现行法律的框架下，继续出台一些新的法律，以解决新技术应用带来的赛博空间治理问题。其中，对于加强对赛博空间基础设施的保护、加强对网络服务提供者的规范和管理、对数字认证机构的规范，是各国家和地区赛博空间立法要解决的三个关键问题。

2．立法逐渐趋于国际化

赛博空间是人类共同生存的空间，需要各国家和地区根据国情建立适合本国/本地区的法律法规，同时也需要共同努力，建立相关赛博空间管理标准，共同净化赛博空间环境，规范赛博空间行为。赛博空间立法应坚持多边参与原则，不论国家和地区大小、强弱与贫富都有权共同参与赛博空间国际法的建立，根据本国/本地区的基本状况，构建国际赛博空间治理机制，共同维护赛博空间的国际秩序、和平与安全，推进赛博空间朝着国际化、体系化、法制化的方向发展。

3．加强数据安全，保护公民隐私

数据安全关系国家安全，是各国家和地区的重点关注领域。从各国家和地区相关立法的内容来看：一是强调政府、公司及相关机构的信息安全，包括受保护的政府机要信息和以商业机密为代表的商业信息；二是强调个人数据保护，对个人数据存储、使用，以及拦截和窃取个人数据等情况进行立法规范，必要时进行定罪量刑，保护公民的最大利益。目前，美国、法国、德国等国家都已经制定了保护个人数据与信息的法律，未来更多的国家和地区都将重点关注这一领域，建立保护数据安全和公民隐私的法律框架。

参考文献

[1] Reynold J D，David G P．Law and borders-The rise of law in cyberspace[J]. Stanford Law Review，1996，48: 1367.

[2] 夏燕. 网络法律的法理学分析 [J]. 社会科学家，2008，10: 83-85.

[3] 张文显. 法学基本范畴研究 [M]. 北京：中国政法大学出版社，1993.

[4] Ethan S J，Truman H S. National Security Act of 1947[EB/OL].（1947-7-26）[2022-6-13].

[5] George B J. The comprehensive crime control act of 1984[M]. US: Law & Business/ Harcourt Brace Jovanovich，1986.

[6] Milor G W. The computer security act of 1987[J]. Computers & Security，1988，7（3）：251-253.

[7] 魏波，周荣增. 美国信息安全立法及其启示与分析 [J]. 网络空间安全，2019，10（111）：5-10.

[8] Bush G W. Executive order 13231—Critical infrastructure protection in the information age[J]. Weekly Compilation of Presidential Documents，2001，42: 1485.

[9] Samuels R J. Homeland security act [EB/OL].（2002-11-25）[2022-6-13].

[10] Reagan J R. Federal information security management act（FISMA）: Policy analysis and examination of agency implementation [EB/OL].（2014-5-31）[2022-6-13].

[11] 马民虎，赵婵. 欧盟信息安全法律框架之解读 [J]. 西安交通大学法学院，2008，11：152-156.

[12] Kunzlik P F. Proposed EC council directive on the legal protection of databases [J]. Computer Law & Security Review，1992，8（3）：116-120.

[13] German Federal Parliament. Federal act establishing the general conditions for information and communication services（information and communication services act）[EB/OL].（1997-8-1）[2022-6-13].

[14] Park S D. The changes of German cybersecurity legal system by the nis directive implementation act[J]. IT & Law Review，2018，17: 153-189.